中国古典数学理论

奠基者——刘徽

郭书春 著

大连理工大学出版社
Dalian University of Technology Press

图书在版编目(CIP)数据

中国古典数学理论奠基者：刘徽 / 郭书春著. --
大连：大连理工大学出版社，2025.3
ISBN 978-7-5685-4795-6

Ⅰ. ①中… Ⅱ. ①郭… Ⅲ. ①刘徽－数学－学术思想
－研究 Ⅳ. ①O1-0

中国国家版本馆 CIP 数据核字(2024)第 010862 号

中国古典数学理论奠基者——刘徽
ZHONGGUO GUDIAN SHUXUE LILUN DIANJIZHE——LIUHUI

责任编辑：王　伟　李宏艳
责任校对：周　欢
封面设计：顾　娜

出版发行：大连理工大学出版社
　　　　　（地址：大连市软件园路80号，邮编：116023）
电　　话：0411-84707410　0411-84708842（营销中心）
　　　　　0411-84706041（邮购及零售）
邮　　箱：dutp@dutp.cn
网　　址：https://www.dutp.cn

印　　刷：大连图腾彩色印刷有限公司
幅面尺寸：185mm×260mm
印　　张：8.75
字　　数：138千字
版　　次：2025年3月第1版
印　　次：2025年3月第1次印刷
书　　号：ISBN 978-7-5685-4795-6
定　　价：69.00元

本书如有印装质量问题，请与我社营销中心联系更换。

前　言

一谈到中国古代的数学家,许多人立即会想到祖冲之。确实,祖冲之将圆周率的近似值精确到 8 位有效数字,提出密率 $\frac{355}{113}$,领先世界数坛千年上下,永垂青史。但是,祖冲之的数学著作《缀术》因隋唐算学馆的"学官莫能究其深奥,是故废而不理"[①]而失传,他的数学成就,除了圆周率计算,及与他的儿子祖暅之提出祖暅之原理,成功解决了球体积问题这两项外,我们并不十分清楚。而这两项成就都是刘徽为其提出理论、建立方法或指出其正确方向。众所周知,在数学上,提出理论、建立方法,远比根据已有的理论和方法进行计算重要得多。学术界,甚至数学界在 20 世纪 70 年代以前,对刘徽比较隔膜,即使是中国数学史界,对刘徽也认识不清。原因只有一个,就是对刘徽的《九章算术注》[②]研究不够,代表刘徽最高成就的许多关键段落没有读懂。20 世纪 70 年代末以来,国内外学术界出现了研究《九章算术》与刘徽的热潮,基本上读懂了刘徽的《九章算术注》。中国数学史界对刘徽的认识也取得了共识。数学大师吴文俊指出:"从数学的角度来说,祖冲之不能视为我国古代

---

①［唐］魏徵等:《隋书·律历志》。北京:中华书局,1973 年。

②［魏］刘徽:九章算术注。郭书春汇校:《九章算术新校》。合肥:中国科学技术大学出版社,2010 年。本书凡引用《九章算术》及刘徽注原文,均据此。

数学史上的代表人物。真正的代表人物应该是刘徽,而不是祖冲之。""刘徽无可争议地是我国传统数学中唯一的代表人物。"[1]

中国古典数学经过春秋战国秦汉的大发展,到魏晋产生了巨大的转变,其标志就是刘徽《九章算术注》的诞生。这种转变的主要特点是对《九章算术》已有的正确算法的证明,对其错误或不准确的算法的驳正。因此,这一段的贡献主要在数学理论、数学方法和数学思想方面,奠定了中国古典数学的理论基础,刘徽因而成为中国古典数学理论的奠基者[2]。国内外学术界流行着中国古代数学没有使用形式逻辑、没有理论的看法。可以肯定地说,持这种看法的人不是没有读过刘徽的《九章算术注》,就是读了而没有读懂。刘徽《九章算术注》的出现不是偶然的,它既是数学知识不断积累的必然产物,也是当时社会经济发展、政治和社会思潮发生重大变革的产物。

阐述刘徽的数学贡献及其产生的数学和社会背景,破除国内外社会上和学术界,乃至数学界对中国古典数学有没有理论的许多误解,还历史的本来面貌,正是这本小册子的目的所在。

2021 年 5 月 24 日,国际天文学联合会(International Astronomical Union,IAU)批准中国提议对嫦娥五号降落地点附近的 8 个月球地貌的命名申请,其中包括刘徽(Liu Hui)。在本书行将付梓之际,从巴黎传来大好消息:第四十二届联合国教科文组织大会通过了中国科学技术协会推荐的在 2024—2025 年举行纪念刘徽的活动。这是中国首次在联合国教科文组织成功申办以科学家为主题的纪念活动。这是刘徽的骄傲!也是中国数学界的骄傲!更是我们伟大祖国的骄傲!笔者为弘扬刘徽的科学成就和科学精神,解决了以往学术界未解决或未正确解决的刘徽割圆术和刘徽原理(极限思想和无穷小分割方法)等方面的论述,使人们准确认识刘徽,尽了绵薄之力而感到欣慰。

---

①吴文俊:《现代数学新进展》序。见《吴文俊论数学机械化》。济南:山东教育出版社,1995 年。

②郭书春:古代世界数学泰斗刘徽。济南:山东科学技术出版社,1992 年。修订本,台北:明文书局,1995 年。再修订本,山东科学技术出版社,2013 年,2024 年。

目　录

第一章

刘徽与辩难之风
——中国古典数学理论的奠基

东汉末年起，中国的经济、政治和社会思潮发生了重大变革，到魏晋，基本上完成了这种变革。

东汉末年，社会矛盾加剧，东汉政权已经腐朽透顶。光和七年(184)爆发了规模浩大的黄巾农民起义。这次起义尽管很快被地主武装镇压下去，却从根本上动摇了黑暗的东汉政权，此后东汉王朝名存实亡。在镇压农民起义中壮大起来的若干地方武装集团不断互相攻伐、兼并，到建安五年(200)，曹操统一了北方。经过赤壁之战(208)，形成了魏、蜀、吴三个政权，中国进入三国时代。公元220年，东汉正式灭亡。公元263年，魏灭蜀。公元265年，晋代魏，史称西晋。公元280年，晋灭吴，中国在分裂近一个世纪后复归统一。公元316年，匈奴人建立的割据政权汉赵灭西晋，晋皇族在建康(今江苏南京)建立政权，史称东晋。

在这一百余年里，尽管全国统一只有三十几年，并且还有汉末的战乱及三国的征战、西晋的贾后之乱及八王之乱，但在曹操统一北方之后的90余年间，曹魏统治的中原地区、孙吴统治的长江中下游地区、蜀汉统治的巴蜀地区还是相对稳定的，社会经济得到一定程度的恢复发展。尤其是长江中下游经济崛起，开启超越北方并改变全国经济重心的历程。魏晋时期，大量北方少数民族内迁中原，中原人南迁长江流域，开始了春秋战国之后又一次民族大融合。同时，社会经济、政治乃至社会思潮发生了极大的变革，具有与两汉若干不同的特点。所有这些都促进了数学的发展。

第一节 庄园经济、门阀士族制度、辩难之风与魏晋数学

一、庄园经济与门阀士族制度的初步形成

在汉末战乱和军阀混战中，世家大族或聚族自保，或举宗避难，组织自己的武装，屯坞筑堡，使东汉开始出现的自给自足的庄园经济得到进一步发展。到魏晋时期庄园经济已成为主要的经济形态。这些庄园占有大量依附农民、佃客和部曲。部曲成为一个人数相当广泛的社会阶层，并带有世袭的性质。他们平时为庄园主劳动，战时为庄园主打仗。佃客、部曲与庄园主有极强的依附关系，他们的社会地位有所下降，但却使失去土地的农民重新与土地结合起来，缓和了社会危机，有利于遭到破坏的农业和手工业的恢复，这是社会的进步。这种庄园经济不仅生产农、牧、渔业

产品，还经营各种手工业。除了晒盐，人们日常生活所需都可以制造。

与庄园经济相对应的是门阀士族制度的确立。门阀士族发轫于西汉末年，东汉出现了若干世代公卿的家族。曹操主张用人"唯才是举"，对门第观念给予沉重打击。曹丕实行九品中正制①，其本意是不论士族高低，以人才优劣选士，但由于各州郡的中正官大都被著姓世族把持，反而出现了"上品无寒门，下品无世族"的局面。西晋实行"二品系资"制，在才德之外，强调阀阅作为关键性资格，世家大族最终从法律上获得了政治、经济特权。魏、蜀、吴三国都是在不同程度上以门阀士族为其统治骨干。门阀士族取代了秦汉的世家地主，占据了政治舞台的中心。

庄园经济和门阀士族制度固然会使少数人过着不劳而获的奢靡生活，而按等级分配权力，世族与庶族的严格界限也不利于社会的进步，但同时也应该看到，这也会使一部分世族及其子弟，或自己，或供养一些门客，他们比以往的读书人更加有条件专注于脑力劳动，从事科学、文化的创造。魏晋玄学的兴起，辩难之风的开展，乃至数学上卓越的理论创造，不能不说与此有密切关系。

二、时代精神——魏晋玄学与辩难之风

在西汉占据思想界统治地位的是今文经学。西汉末年和新莽时期提倡古文经学。东汉基本是古文经学与今文经学并行，两者不断争斗。相对说来，古文经学派比较注重自然科学和社会科学的研究。但是，不管是古文学派还是今文学派，注经都越来越烦琐，甚至自相矛盾、谬误百出，使后学无所适从。东汉末年，随着外戚和宦官互相倾轧的加剧，多数所谓读经的"名士"或依附于外戚，或依附于宦官。也有少数知识分子羞于与外戚、宦官为伍，而以清流自居，抨击戚阉浊流，遭到残酷镇压，出现了两次"党锢"。正是在这种情况下，郑玄（127—200）立足于古文经学，兼采今文经学，不尊师说、家传，成为一代经学大师。他所注的诸经，在三国两晋成为官方

---

① 九品中正制是魏晋南北朝时期主要的官员选举制度，220 年由吏部尚书陈群所建。它与两汉察举制、隋唐后科举制一道成为中国古代三种重要的官员选举制度。它将被品选的人分为上、中、下三等，每等又分为上、中、下三品，这样，被品选的人才就分为上上、上中、上下、中上、中中、中下、下上、下中、下下共九个品级，称为九品；而对人才的品第由中正官进行，故名九品中正制。

儒学，在南北朝、隋、唐乃至整个中国历史上影响极大。郑玄还精通《九章算术》和数学、天文历法以及其他自然科学。

社会动乱的加剧，中央集权体制的瘫痪，导致儒学在思想界统治地位产生动摇。人们试图从先秦诸子或两汉异端思想家那里寻求思想武器，作为维护封建秩序的理论根据，并为乱世中的新贵们服务。王充（27—约97）的《论衡》被埋没了一百多年，此时由于蔡邕（133—192）、王朗等学者的推崇流传开来。烦琐的两汉经学退出了历史舞台，而西汉独尊儒术之后受到压制的先秦诸子甚至墨家重新活跃起来。思想解放最突出的表现是玄学与辩难之风的兴起。何晏（？—249）、王弼（226—249）等思想家研究《老子》《庄子》和《周易》，将道家的"道法自然"与儒家的名教融会在一起，主张"名教本于自然"，用道家的"无为"取代儒家的"有为"。他们主要在正始年间（240—249）阐发他们的思想，史称"正始之音"。他们用以谈资的《老子》《庄子》和《周易》被称为"三玄"，后来人们将他们的学问称为"玄学"。玄学家们经常在一起辩论一些命题，互相诘难，称为"辩难之风"。正始之音是魏晋玄学的开篇，它几乎支配了魏晋南北朝思想史的发展流向，玄学已经取代了儒家的正统思想地位，成为社会主要思潮。公元249年，司马懿发动政变，杀死了曹魏的代表人物及何晏等正始名士，控制了政权，迫使一些名士进一步走上玄虚淡泊的道路。此后嵇康（223—262）、阮籍（210—263）等竹林七贤任性不羁，蔑视礼法，主张"越名教而任自然"[①]，宣称"非汤武而薄周孔"[②]，突破了正始之音力图调和儒道的观点，学术界的思想进一步解放。

许多人认为玄学只是无聊文人的清谈。实际上不然。玄学是研究自然与人的本性的学问，主张顺应自然的本性。这是对先秦道家思想的继承和发展，是对两汉主要注重感性经验的思维方式的升华和突破。玄学的主要创始人王弼认为事物的

---

① [魏]嵇康：释私论。见《嵇康集》，第六卷之眉批。《全上古三代秦汉三国六朝文·全三国文》（二）卷五〇，第1334页。北京：中华书局，1958年。

② [魏]嵇康：与山巨源绝交书。《全上古三代秦汉三国六朝文·全三国文》（二）卷四七，第1320页。北京：中华书局，1958年。

变化不是杂乱无章的,遵循着必然性、规律性而运动。王弼将其称为"理"。他说:"物无妄然,必由其理。"[①]嵇康提出:"夫推类辩物,当先求自然之理。"[②]这里的"理"都是指具体事物所遵循的规律。他们反对谶纬迷信,否定现象背后的神意,在很大程度上摆脱了"天人感应"思想的束缚,力求从自然本身去观察、理解自然界,去分析历代积累的资料和科研成果。玄学思想对以自然界为研究对象的自然科学和技术的发展是有利的。

<h2 style="text-align:center">三、"析理"与魏晋数学</h2>

玄学名士特别重视"理胜"。因此,探讨"理胜"的途径,探讨思维规律,成为学者们的一项重要任务,这就是"析理"。"析理"最先见于《庄子·天下篇》:"判天地之美,析万物之理。"[③]但在此后很长一段时间内,"析理"并未具有方法论的意义。而在魏晋时代,它却成为正始之音和辩难之风的要件[④]。"析理"是名士们进行辩论的主要方法,甚至成为辩难之风的代名词。人们在"析理"中阐发了思维规律,所反映的抽象思维能力不仅远远高于两汉,甚至也超过战国时期的"百家争鸣"。学术界一般认为,"析理"是郭象(?—312)注《庄子》时概括出来的。实际上,嵇康、刘徽早已使用"析理"。嵇康说:"非夫至精者,不能与之析理。"[⑤]刘徽自述他注《九章算术》的宗旨便是"解体用图,析理以辞"。

玄学名士"析理"时遵循"易简"的规范。"易简"本来是先秦诸子的重要原则。但是两汉的经学家们注经却十分烦琐。经书中一句话,经学家常常用千百言阐述其"微言大义",所谓"文人买牛,书满三纸,未见'牛'字"。东汉末年以后社会动荡,烦琐的经学无法适应瞬息万变的世事发展,必然遭到抛弃。王弼说:"约以存博,简以济众"。嵇康说:"析理贵约而尽情"。玄学名士们无一不主张易简。

---

①[魏]王弼:周易略例。《四库全书》文渊阁本。台北:商务印书馆,1986年。
②[魏]嵇康:声无哀乐论。《全上古三代秦汉三国六朝文·全三国文》(二)卷四九,第1330页。北京:中华书局,1958年。
③[周]庄周:庄子。见郭庆藩辑:《庄子集释》。北京:中华书局,1961年。本编凡引用《庄子》的文字,均据此。
④侯外庐等:中国思想通史,第三卷,第76页。北京:人民出版社,1957年。
⑤[魏]嵇康:琴赋。《全上古三代秦汉三国六朝文·全三国文》(二)卷四七,第1320页。北京:中华书局,1958年。

先秦诸子的抽象能力大都是比较强的,但是两汉学者的抽象思维能力却明显低于先秦诸子。最杰出的学者董仲舒、扬雄、刘歆、王充、张衡等的观念大都是图画式的具体思维。而玄学家们辩难的命题大都十分抽象,他们的"贵无"论,"崇有"论,才性同、异、合、离的四本论,以及专门的命题,思辨水平都相当高。这是中华民族抽象思维能力的空前发展。[1]

由于数学是最严密、最艰深的学问,经常成为玄学家们析理的论据。王弼在《周易略例》中说:"夫情伪之动,非数之所求也。故合散屈伸,与体相乖,形燥好静,质柔爱刚,体与情反,质与愿违,巧历不能定其算数。"嵇康在《声无哀乐论》中说:"今未得之于心,而多恃前言以为谈证,自此以往,恐巧历不能纪耳。"巧历是高明的天文学家和数学家。思想界公认,数学家是析理至精之人。嵇康还以数学知识之未尽说明摄生之理亦不能尽:"况天下微事,言所不能及,数所不能分,是以古人存而不论。……今形象著名有数者,犹尚滞之,天地广远,品物多方,智之所知未若所不知者众也。"[2]

同样,数学的发展也深受魏晋玄学的影响。刘徽析《九章算术》之理,当然与思想界的析理有不同的内容。但是,刘徽对数学概念进行定义,追求概念的明晰,对《九章算术》的命题进行证明或驳正,追求推理的正确、证明的严谨等,即在追求数学的"理胜"上,与思想界的析理是一致的。在析理的原则上,刘徽与嵇康、王弼、何晏等都认为"析理"应"要约","约而能周",主张"举一反三","触类而长",反对"多喻","远引繁言"。不难看出,刘徽析数学之理,深受辩难之风中"析理"的影响。

事实上,刘徽不仅思想上与嵇康、王弼、何晏等有相通之处,而且他的许多用语、句法都与这些思想家相近。比如,刘徽的"数同类者无远,数异类者无近。远而通体

①冯友兰:中国哲学史新编。第4册,第44页。北京:人民出版社,1986年。
②[魏]嵇康。《难张辽叔宅无吉凶摄生论》。《全上古三代秦汉三国六朝文·全三国文》(二)卷五〇,第1338页。北京:中华书局,1958年。

知①,虽异位而相从也;近而殊形知,虽同列而相违也",显然脱胎于何晏的"同类无远而相应,异类无近而不相违"②,而其旨趣迥异;刘徽的"少者多之始,一者数之母",是《老子》"无名天地之始,有名万物之母"③与王弼《老子注》中的"一,数之始而物之极也"④的缩合,但其寓意径庭;刘徽的"数而求穷之者,谓以情推,不用筹算",与嵇康《养生论》的"夫至物微妙,可以理知,难以目识"⑤,有异曲同工之趣。这类例子还可以举出很多。因此,刘徽在数学中"析理"应是当时辩难之风的一个侧面,他与魏晋玄学的思想家们应该有某种直接或间接的联系。

辩难之风中活跃起来的先秦诸子也成为刘徽数学创造的重要思想资料。汉武帝之后儒家在思想界一直居统治地位,魏晋时虽有削弱,但仍不失为重要的思想流派。刘徽自然受到儒家的影响。他直接引用孔子的话很多,比如反映他的治学方法的"告往知来"源于《论语·学而》,"举一反三"源于《论语·述而》;他阐述出入相补原理的"各从其类",源于孔子为《周易》乾卦写的"文言"。至于他受到被儒家视为经典的《周易》《周礼》的影响更为明显,"算在六艺""周公制礼而有九数",都在《周礼》有记载⑥。刘徽序中还引用了《周礼》用表影测望太阳的记载及其郑玄注;刘徽关于八卦的作用及两仪四象的论述,反映他的分类思想的"方以类聚,物以群分",治学方法的"引而申之""触类而长之",治学中要"易简"的思想,反映他对"言"与"意"关系的"言不尽意",等等,都来自《周易·系辞》。

道家在汉初地位较高,后来,汉武帝独尊儒术之后,道家部分思想融于儒家,成为中国封建社会统治思想的一部分。同时,道家作为一个学派仍然存在。辩难之风

①知:训者。见郭书春:再论《九章算术》的校勘。载《汉学研究》(台北)第 16 卷(1998 年)第 1 期。郭书春:汇校《九章算术》增补版·附录。沈阳:辽宁教育出版社,台北:九章出版社,2004 年。郭书春:九章算术新校·附录。合肥:中国科学技术大学出版社,2014 年。郭书春数学史自选集,上册。济南:山东科学技术出版社,2018 年,下不再注。

②[魏]何晏:无名论。[晋]张湛:《列子注·仲尼篇》引。见《列子集释》,第 121 页。北京:中华书局,1979 年。

③[春秋]老子·第一章。朱谦之:《老子校释》。北京:中华书局,1984 年。

④[魏]王弼:《老子注·三十九章》。见《二十二子》,第 5 页。上海:上海古籍出版社,1986 年。

⑤[魏]嵇康:养生论。见《全上古三代秦汉三国六朝文·全三国文》,卷四十八,第 1324 页。北京:中华书局,1958 年。

⑥[周]周礼。见《十三经注疏》。北京:中华书局,1980 年。本书凡引《周礼》的文字,均据此。

的三玄中,专门的道家著作居其二,即《老子》《庄子》。《周易》实际上是各家都尊崇的经典。《九章算术》方程章建立方程的损益术与《老子》的有关论述相近。刘徽认为数学家应该像庖丁了解牛的身体结构那样了解数学原理,应该像庖丁使用刀刃那样灵活运用数学方法。庖丁解牛的故事便出自《庄子·养生主》。刘徽在使用无穷小分割方法证明刘徽原理时提出的"至细曰微,微则无形"的思想,源于《庄子·秋水》中的"至精无形","无形者,数之所不能分也"。

不过,在先秦诸子中,刘徽最推崇的应该是墨家。一个明显的事实是,刘徽序及注中引用过《周易》《周礼》《管子》《论语》《庄子》《墨子》《考工记》《左传》《荀子》等先秦典籍中的文字,但是,明确提出书名的只有《周礼·大司徒》《周礼·考工记》《左氏传》及《墨子》。事实上,刘徽割圆术中的"割之又割,以至于不可割"的思想与《墨经》中"不可斫"命题是一脉相承的,而与名家"万世不竭"的思想明显不同。

这些都说明,当时思想界的析理与数学相辅相成,相得益彰。

第二节　刘徽与《九章算术注》《海岛算经》

一、刘徽其人

各种正史都没有刘徽的传记,林林总总的文人笔记也没有关于刘徽的只言片语。因此,关于刘徽的生平,我们知道的不多。刘徽自述云:

> 徽幼习《九章》,长再详览,观阴阳之割裂,总算术之根源。探赜之暇,遂悟其意。是以敢竭顽鲁,采其所见,为之作注。

《隋书·律历志》说:"魏陈留王景元四年刘徽注《九章》。"[①]《晋书·律历志》有同样的记载[②]。关于刘徽的生平,可靠的记载仅此而已。

刘徽的《九章算术注》原10卷,后来刘徽自撰自注的第10卷《重差》单行,改称《海岛算经》。刘徽还著有《九章重差图》1卷,已佚。

---

① [唐]魏徵等:隋书·律历志。北京:中华书局,1973年。此为李淳风撰。
② [唐]长孙无忌等:晋书·律历志。北京:中华书局,1974年。此为李淳风撰。

（一）刘徽的籍贯是淄乡

我们根据现有资料推定，刘徽的籍贯是淄乡，属今山东省邹平市。

中国著名数学史家严敦杰（1917—1988）最先注意到，在《宋史·礼志》算学祀典中，刘徽被封为淄乡男[1]。同时受封 66 人，黄帝至殷、西周期间 10 人，多系传说人物或记载不详。春秋之后 56 人，其爵名来源有四种：（1）以其籍贯，有祖冲之等 41 人，占七成以上；（2）少数以其郡望；（3）少数以其主要活动地区之名；（4）个别的以其生前的爵名升级。后三种情况共 9 人。现存史籍中未找到刘徽等 6 人的籍贯的记载。他们的爵名不出以上四种情况。男爵是最低等的爵位，淄乡男不可能是刘徽生前的爵名升级，淄乡也不可能是刘姓郡望。那么，淄乡或者是刘徽的籍贯，或者是刘徽生前的主要活动地区。这两者中以前者的可能性较大。总之，我们认为，淄乡是刘徽的籍贯[2]。

北宋邹平县有一淄乡镇。宋王存《元丰九域志》淄州条载："邹平，……孙家、赵岩口、淄乡、临河、喠婆五镇。"[3]淄乡在金朝仍然存在。《金史·地理志》："邹平，镇三：淄乡、齐东、孙家岭。"[4]清康熙间及其后几次修《邹平县志》，均引《金史》资料，未云淄乡在当时何处。《元丰九域志》成于元丰三年（1080），刘徽受封于大观三年（1109），两者相去不到 30 年。因此，宋朝所封的淄乡男之淄乡，即当时淄州邹平县淄乡。淄乡，又作甾乡。古文淄、甾、菑相通。因此，淄乡、甾乡、菑乡相通，应是同一个地方。

邹平县淄乡起码可以追溯到西汉。西汉有甾乡，据《汉书·王子侯表》，甾乡是西汉淄乡侯刘就的封国，封于建昭元年（前 38），子逢喜嗣，免。据《汉书·诸侯王表》[5]，刘就是梁敬王刘定国之子，刘定国是汉文帝刘恒之子梁孝王刘武的玄孙。因此，淄乡侯刘就是文帝的七世孙。《汉书》中有两处淄乡的记载。一是《汉书·地理

---

[1] 严敦杰：刘徽简传。《科学史集刊》，第 11 集。北京：地质出版社，1984 年。本编凡引此文，均据此。

[2] 郭书春：刘徽祖籍考。《自然辩证法通讯》第 14 卷第 3 期（1992 年），第 60-63 页。收入《郭书春数学史自选集》上册。济南：山东科学技术出版社，2018 年。

[3] ［北宋］王存：元丰九域志。北京：中华书局，1984 年。

[4] ［元］脱脱等：金史。北京：中华书局，1975 年。

[5] ［东汉］班固：汉书。北京：中华书局，1962 年。本书凡引《汉书》的文字，均据此。

志》载山阳郡有一县级侯国淄乡。山阳郡在今山东省西南部。二是《王子侯表》注明淄乡侯的封国在济南郡。两者不同。《地理志》出自班固之手,《王子侯表》是班昭参考东观藏书写的。我们认为后者应更可靠些:淄乡侯的封地在济南郡。汉时邹平县属济南郡,联系到宋、金两朝邹平县有淄乡镇。因此,西汉所封之淄乡侯国就位于宋、金时邹平县的淄乡镇。淄乡侯二世而免,而淄乡的名称则保留了下来。班固写《地理志》时大约因为刘就是梁敬王之子,而将其窜入梁国旧地山阳郡。

总之,刘徽是汉文帝刘恒之子梁孝王刘武的五世孙淄乡侯刘就的后裔,淄乡人,其地在今山东省邹平市。

刘徽属于中华民族,他是什么地方的人,本来不是特别值得重视的问题。但是,在几乎没有刘徽的传记资料的情况下,通过对刘徽籍贯的考察,可以探知他的生平与社交的某些线索,大体了解他成长时的文化传统和氛围,因而是有意义的,尤其显得重要。刘徽成长的齐鲁地区,自先秦至魏晋,一直是中国的文化中心之一,魏晋时还是辩难之风的中心之一。齐鲁地区的数学自先秦至魏晋也居全国的前列,两汉时期研究《九章算术》的学者许商、刘洪、郑玄、徐岳、王粲等,或在齐鲁地区活动过,或就是齐鲁地区人,而东汉末年,在泰山附近还形成了一个以刘洪为首,以研究《乾象历》与《九章算术》为主的数学家、天文学家群体。他们的工作与著述,都为刘徽注《九章算术》,在数学上作出空前的贡献,提供了良好的客观环境和坚实的数学基础。

(二)刘徽出生年代的推测和思想品格

刘徽写出了《九章算术注》这样的杰作,完成了数学上的突破,除了刘徽本人超人的才智,则是由他的思想品格和治学态度决定的。

刘徽博览群书,精心研究了墨家、儒家、道家等先秦诸子的著述,以及《周易》《周礼》《考工记》《左传》等经典及注疏,研究了司马迁、刘安、王充、郑玄、徐干等两汉学者的著作。在中国古代数学家中,能够明确指出受如此多的思想家和文史典籍影响的,刘徽的《九章算术注》是仅见的。刘徽的深邃的思想方法和数学理论蕴含着对传统文化的深刻理解。特别是他受嵇康、王弼等玄学名士的思想影响较大,有许多语句相类。由此,我们可以推断,刘徽的生年大约与嵇康、王弼相近,或稍晚一些。也就是说,刘徽应该生于公元 3 世纪 20 年代后期至公元 240 年之间。换言之,公元 263 年他完成《九章算术注》时,年仅 30 岁上下,或更小一点。有人将正在注《九章算术》的刘徽画成一位耄耋老人,是违背历史事实的[①]。

坚持实事求是,一切从实际出发,是刘徽治学的又一特点。整个刘徽注,言必有据,不讲空话。《世本》有"隶首作数"的说法,刘徽说"其详未之闻也"。汉代盛行谶纬迷信,数字神秘主义开始出现。大科学家张衡计算圆周率时使用了错误公式——圆周:圆径 $= \sqrt{10}:1$,刘徽批评张衡是"欲协其阴阳奇耦之说而不顾疏密矣"。刘徽把自己的数学知识和创造完全建立在必然性基础之上。他的推理不仅方式正确,而且前提都是人们从无数事实中抽象出来的且得到公认的原理或已经证明的命题,没有任何猜测或神秘的成分。

刘徽认为人们的数学知识是不断进步的,他不迷信古人。他批评千百年来人们"踔古",沿袭"周三径一"的错误。《九章算术》最迟在东汉已被官方奉为经典,刘徽为之作注,自然对之很推崇。但他并不迷信《九章算术》,指出了它若干不准确甚或错误之处。刘徽是在中国数学史上批评《九章算术》最多的数学家。

刘徽的《九章算术注》创新非常多。在一部著作中,新的思想、新的方法、新的成就这么多,在中国数学史上是少见的。敢于创新,是刘徽治学的突出特点,这是他实事求是精神的升华。

刘徽还具有知之为知之,不知为不知,不图虚名,敢于承认自己的不足,寄希望于后学的高尚品格。他设计了牟合方盖,指出了解决球体积公式的正确途径。然而他功亏一篑,没能求出牟合方盖的体积,便老老实实地说明了自己的困惑,寄希望于后学,反映了一位真正的科学家的光辉本色。

刘徽还善于灵活运用数学方法。他常常在《九章算术》的术文之外提出另外的方法,或者对《九章算术》的同一条术文提出不同的思路。有时候他明知提出的新方

---

①郭书春:重温吴先生关于现代画家对古代数学家造像问题的教诲——庆祝吴文俊先生 90 华诞。《HPM 通讯》(台北),2009 年。《内蒙古师范大学学报》(数学史专辑)第 38 卷第 5 期,2009 年。《郭书春数学史自选集》下册,济南:山东科学技术出版社,2018 年。纪志刚、徐泽林主编:《论吴文俊的数学史业绩》,上海:上海交通大学出版社,2019 年。

法不如原来的方法简便,为什么还要提出呢？他说:"广异法也。"

刘徽从思想界辩难中及在辩难中泛起的先秦诸子、两汉典籍中汲取大量的思想资料,或者撷取其正确部分指导自己的数学研究,或者以某些命题作外壳,加以改造,融会贯通,赋予数学内容,得出正确或比较正确的结论,写出了中国和世界数学史上划时代的《九章算术注》。

二、《九章算术注》

(一)《九章算术注》的结构——"悟其意"与"采其所见"

自戴震起,人们实际上把刘徽注都看成刘徽自己的创造,这是一种误解。前引刘徽自述他注《九章算术》(图 1.1)的过程表明,他的《九章算术注》(以下简称"刘徽注")包括两方面内容:一是他"探赜之暇,遂悟其意"者,即自己的数学创造。二是"采其所见"者,即他搜集到的他人研究《九章算术》的成果,特别是包括《九章算术》成书时代的方法。有人将"采其所见"翻译成"就收集自己的见解",显然是不承认刘徽注中有前人的见解而做的曲解。

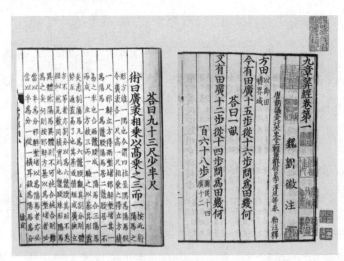

图 1.1　《九章算术注》书影(南宋本)

钱宝琮已经注意到了这个问题。在他主编的《中国数学史》中,把圆周率和圆面积、圆锥体和球体积、十进分数、方程新术等内容称作刘徽在"《九章算术注》中的几个创作",而把齐同术、图验法、棋验法视为《九章算术注》中"整理了各项解题方法的

思想系统,提高了《九章算术》的学术水平"的部分。他指出:

> 刘徽少广章开方术注"术或有以借算加定法而命分者,虽粗相近不可用也"。方程章正负术注"方程自有赤黑相取,左右数相推求之术"。据此可知刘徽的注释是有所依据的。少广章开立圆术注引张衡的球体积公式,勾股章第 5 题、第 11 题注引赵爽勾股图说,这些无疑是他的参考资料。①

后来严敦杰在《刘徽简传》也谈到了这个问题。他把刘徽学习《九章算术》分成"刘徽注文引《九章》以前的旧说",与"刘徽参考了他稍前或同时的各家《九章》"两种情况。

只是,钱宝琮和严敦杰两位前辈没有把这种论述与刘徽自述的"采其所见"联系起来,论述稍显不充分。

《九章算术注》中"悟其意"者,在后面各章中详细论述,此不赘述。这里先介绍刘徽注中"采其所见"的内容。

(二)刘徽注中"采其所见"者

刘徽注中"采其所见"的内容大体如下:

周三径一 刘徽在圆田术注中批评使用周三径一之率的做法:"世传此法,莫肯精核,学者踵古,习其谬失。"在圆堢壔术注中又指出:"此章诸术亦以周三径一为率,皆非也。"都明确否定使用周三径一的做法。然而,刘徽注在以徽率$\frac{157}{50}$修正原术之前都有基于周三径一论证原术的文字,可见这类内容都不是刘徽的方法,而是"采其所见"者。

出入相补 刘徽使用出入相补原理对解勾股形诸方法的论证与赵爽"勾股圆方图"基本一致。这都说明出入相补的方法不是刘徽的创造,而是刘徽以前甚至《九章算术》编纂时代就流行的传统方法,被刘徽采入自己的注中。

多面体中的出入相补最主要的是棋验法。刘徽方亭术注说:"此章有堑堵、阳马,皆合而成立方。盖说算者乃立棋三品,以效广深之积。"所谓三品棋,就是长、宽、高各一尺的立方体、堑堵、阳马。商功章方亭、阳马、羡(yán,通延,墓道)除、刍薨、刍

①钱宝琮主编:中国数学史。北京:科学出版社,1964 年。又:郭书春等主编:《李俨钱宝琮科学史全集》,第五卷。沈阳:辽宁教育出版社,1998 年。本编凡引用钱宝琮的论述,如不说明,均据此。

童等术的第一段及方锥术注、鳖臑(nào)术注都是棋验法。"说算者"无疑是刘徽以前的数学家,说明棋验法并不是刘徽所创造的,而是先人们传下来的。出入相补原理不是刘徽的首创,它的创造应该追溯到《九章算术》和秦汉数学简牍时代。

截面积原理 《九章算术》中圆堢壔与方堢壔、圆亭与方亭、圆锥与方锥都是成对出现,说明是通过比较等高的圆体与方体的底面积而从方体推导出圆体体积公式。刘徽开立圆术注指出《九章算术》犯了把球与外切圆柱体体积之比作为 3∶4,即球与外切圆柱体的大圆与大方的面积之比的错误,可为佐证。这是祖暅之原理的最初阶段。刘徽将其采入自己的注中。

无理根近似值的表示 当开方不尽时,刘徽说:"术或有以借算加定法而命分者,虽粗相近,不可用也。"就是说,设被开方数为 N,求得其根的整数部分为 a,即在开平方时,在刘徽之前,人们以 $a+\dfrac{N-a^2}{2a+1}$ 作为根的近似值,并且 $a+\dfrac{N-a^2}{2a+1}<\sqrt{N}<a+\dfrac{N-a^2}{2a}$;在开立方时,人们以 $a+\dfrac{N-a^3}{3\,a^2+1}$ 作为根的近似值。

齐同原理 刘徽注中大量使用了齐同原理。齐同原理也不是刘徽首先使用的。《九章算术》和秦汉数学简牍都已有"同"的概念。赵爽《周髀算经注》多次使用齐同术,可见齐同方法是刘徽之前的传统方法。

还有一些其他"采其所见"的内容。但是,要完全区分算术、代数部分哪些是刘徽"采其所见",哪些是刘徽的创新,不像面积、体积问题那么容易。

总之,刘徽之前的数学家,包括《九章算术》和秦汉数学简牍的历代编纂者在内,为推导、论证当时的算法做了可贵的努力。然而,这些努力大多很素朴、很原始,许多重要算法的论证停留在归纳阶段,因而并没有在数学上被严格证明;同样,《九章算术》的一些不准确或错误的公式没有被指出、被纠正。可以说,从《九章算术》成书所提出的近百条抽象性算法之后到刘徽之前三四百年间,数学理论建树并不显著,数学思想和方法、逻辑方法在《九章算术》基础上没有大的突破,这就为刘徽进行数学创造留下了广阔的空间。

(三)认识《九章算术注》的结构的意义

正确认识《九章算术注》的结构,意义十分重大。起码有三点值得注意。

第一，可以准确认识刘徽之前的中国数学史。比如，从刘徽"采其所见"者，可以明确认识到，出入相补原理等贡献不是刘徽或赵爽的首创，而是刘徽、赵爽之前的传统方法；对算法的论证不是从赵爽、刘徽才开始的，而是早已存在，甚至是《九章算术》和秦汉数学简牍得出这些算法时就已经使用的方法；等等。这在某种意义上填补了中国数学史的空白。

第二，可以准确地认识刘徽。如果将刘徽《九章算术注》全部看成刘徽的思想甚或刘徽的创造，那么刘徽就是一位成就虽大但是思想混乱、自相矛盾的人。认识到刘徽《九章算术注》不全是刘徽本人的思想或方法，剔除了"采其所见"者，那么刘徽就是一个成就伟大、思想深邃、逻辑清晰的学者。

第三，是正确校勘《九章算术》的基础。关于《九章算术》的校勘主要是对刘徽《九章算术注》的校勘。自戴震起，不断有人在发现同一术的刘徽注有不同的思路时，便武断地将第二种思路改成李淳风等注释，盖导源于对刘徽《九章算术注》结构的认识发生偏颇。

三、《海岛算经》

《海岛算经》（图 1.2）本为刘徽《九章算术注》的第十卷，系刘徽自撰自注。后单行，因第一问是测望一海岛的高、远而改是名。

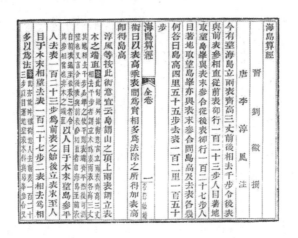

图 1.2 《海岛算经》书影（武英殿聚珍版）

刘徽《九章算术序》说：

> 按：《九章》立四表望远及因木望山之术，皆端旁互见，无有超邈若斯之类。然则苍等为术犹未足以博尽群数也。徽寻九数有重差之名，原其指趣乃所以施于此也。凡望极高，测绝深而兼知其远者必用重差、勾股，则必以重差为率，故曰重差也。

在《海岛算经》中，刘徽设计了用重差术测望山高、海广、谷深、邑方等各种问题，使用了重表、累矩、连索三种测望的基本方法。刘徽进而说：

> 虽夫圆穹之象犹日可度，又况泰山之高与江海之广哉。徽以为今之史籍且略举天地之物，考论厥数，载之于志，以阐世术之美，辄造《重差》，并为注解，以究古人之意，缀于《勾股》之下。度高者重表，测深者累矩，孤离者三望，离而又旁求者四望。触类而长之，则虽幽遐诡伏，靡所不入。

刘徽在这里阐明了"重差"的含义，著《重差》的宗旨，以及重差术的基本方法。《重差》即今之《海岛算经》。

《海岛算经》除题目与术之外，本来还有图及自注。图在刘徽所撰《九章重差图》中，宋以前已经亡佚。南宋杨辉《续古摘奇算法》卷下有"海岛小图"，可能是刘徽的重差图之幸存者[①]。《海岛算经》现存9问，是戴震在《四库全书》馆从《永乐大典》中辑录出来的，已无刘徽自注。这里9问，与杨辉说的"刘徽以旁要之术，变重差减积，为《海岛》九问"相吻合。此后《海岛算经》的各种版本皆是戴震辑录本的校勘本。

《海岛算经》的9个题目含有重表、连索、累矩三种测望的基本方法。南宋鲍澣之说："是以松山高下，方邑大小，其重表也；岸望深谷，山望津广，其累矩也；登望楼高、遥望波口，非三望之术乎；清渊白石、登山临邑，非四望之术乎；海岛去表，为之篇首，因以名书。"[②]其中望海岛、望方邑、望深谷3个问题需要二次测望，望松、望楼、望

---

①［宋］杨辉：续古摘奇算法。见郭书春主编：《中国科学技术典籍通汇·数学卷》第1册。郑州：河南教育出版社，1993年。大象出版社，2002年，2015年。

②［南宋］鲍澣之：海岛算经后序。见《诸家算法及序记》。郭书春主编：《中国科学技术典籍通汇·数学卷》，第1册，第1451—1452页。郑州：河南教育出版社，1993年。大象出版社，2002年，2015年。

波口、望津 4 个问题需要三次测望,望清渊、登山临邑 2 个问题需要四次测望。

关于《海岛算经》单行的时间,许多著作说是李淳风等整理十部算经时将《重差》从《九章算术注》中分离出来。这是一种想当然的说法。实际上,《宋史·艺文志》载,甄鸾时就有《海岛算术》,而且,王思辩建议整理汉唐算经时,已称"十部算经"。可见,《海岛算经》从《九章算术注》独立出来,起码在甄鸾时代。

四、刘徽奠定了中国的古典数学的理论基础

玄学与辩难之风成为魏晋时代精神,直接影响到数学的发展。刘徽的《九章算术注》便是魏晋玄学与辩难之风影响下的产物。在这之前,东汉末徐岳致力于记数法和计算工具的改革,赵爽以简洁的文字证明了当时的勾股知识。魏晋尽管时间跨度不长,在中国数学史上的地位却极其重要,不仅大大超过秦汉数学,而且再次登上了世界数学发展的高峰,特别是理论高峰。数学家们的业绩主要在数学方法、数学证明和数学理论方面。主要是:

刘徽大大发展了《九章算术》的率概念和齐同原理,将其应用从《九章算术》的少量术文和题目拓展到大部分术文和 200 多个题目。他指出今有术是"都术",率和齐同原理是"算之纲纪",借助率将中国古代数学的算法提高到理论的高度。

赵爽和刘徽继承发展了传统的出入相补原理。

刘徽对有限次的出入相补无法解决圆和四面体的求积问题有明确的认识。在世界数学史上第一次将极限思想和无穷小分割方法引入数学证明,是刘徽最杰出的贡献。他用极限思想和无穷小分割方法严格证明了《九章算术》提出的圆面积公式和他自己提出的刘徽原理,将多面体的体积理论建立在无穷小分割基础之上。刘徽极限思想的深度超过了古希腊的同类思想。刘徽明确认识了截面积原理,是为中国人完全认识祖暅之原理的关键一步。据此,他设计了牟合方盖,为后来的祖暅之开辟了解决球体积问题的正确途径。

刘徽将极限思想应用于近似计算,在中国首创求圆周率的科学方法以及开方不尽求其"微数"的方法,奠定了中国的圆周率近似值的计算领先世界千余年的基础。

刘徽修正了《九章算术》的若干错误和不精确之处,提出了许多新的公式和解法,大大改善并丰富了《九章算术》的内容。

刘徽给若干重要的数学概念作出了明确的定义,改变了《九章算术》约定俗成的做法。他的定义基本上符合现代数学和逻辑学关于定义的要求,并在使用中保持了同一性。

刘徽全面论证了《九章算术》的算法。他的论证继续使用在他以前广泛使用的归纳推理和类比,但更主要地,则是使用演绎逻辑,包括三段论、关系推理、联言推理、假言推理、二难推理,甚至数学归纳法的雏形。可以说,刘徽达到了中国古代逻辑学的最高峰。因此,他的论证常常是真正的数学证明,为世界数学的算法证明作出了伟大的贡献。

刘徽分析了各种数学概念、数学方法和命题之间的关系,梳理了各个分支乃至整个数学的逻辑系统。刘徽认为,数学像一株枝繁叶茂、条缕分析而具有同一本干的大树,发其一端。刘徽说:

> 虽曰九数,其能穷纤入微,探测无方。至于以法相传,亦犹规矩、度量可得而共,非特难为也。

刘徽《九章算术注》标志着中国古典数学理论体系的完成。

第二章

刘徽对出入相补原理的应用

出入相补原理在《九章算术注》卷一、卷五中又称作"以盈补虚",在卷五中又称作"损广补狭",在卷九中称作"出入相补"。这三种名称或者是不同应用对象的固有区别,或是"采其所见"内容的不同时代的痕迹。有人认为"出入相补原理"是刘徽的首创,是违背历史事实的。众所周知,在刘徽稍前的赵爽《周髀算经注》中的《勾股圆方图注》[①]中就使用了出入相补原理。实际上,出入相补原理是《九章算术》和秦汉数学简牍建立面积、体积和勾股公式时所使用的方法,赵爽、刘徽是把它作为数学界的共识写入自己的算经注解中的。当然,赵爽、刘徽在使用这一原理时肯定有所发展,但不会是他们的首创。因此下面所阐述的用出入相补原理对面积、体积、开方术、勾股、重差问题的处理方法,是从《九章算术》到刘徽时期数学界共有的方法。

▌第一节 面积、体积中的应用 ▌

一、面积公式

以三角形的面积为例说明使用出入相补原理对其公式的证明。设 S,a,h 分别是三角形面积、宽(广)和高(正从),如图 2.1(a)所示,《九章算术》提出其面积公式为:

$$S = \frac{a}{2} \times h \tag{2.1}$$

刘徽提出了两种方式,一种如图 2.1(b)所示,取其底的一半,分别将Ⅰ,Ⅱ移至Ⅰ′,Ⅱ′处。另一种如图 2.1(c)所示,取其高的一半,分别将Ⅰ,Ⅱ移至Ⅰ′,Ⅱ′处。都将三角形变成长方形,从而证明了式(2.1)。

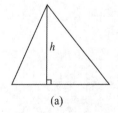
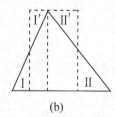
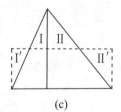

(a)　　　　　　　(b)　　　　　　　(c)

图 2.1　以出入相补原理证明三角形面积

---

①[三国]赵爽:周髀算经注。见郭书春、刘钝点校:《算经十书·周髀算经》。沈阳:辽宁教育出版社,1998 年。台北:台湾九章出版社,2001 年。

二、多面体体积公式

先讨论堑。记堑的上、下广分别是 a_1，a_2，袤是 b，高或深是 h，《九章算术》提出其体积公式为：

$$V = \frac{1}{2}(a_1 + a_2)bh \tag{2.2}$$

刘徽记载了以出入相补原理解决堑的体积的方法："此术'并上下广而半之'者，以盈补虚，得中平之广。'以高若深乘之'，得一头之立幂。'又以袤乘之'者，得立实之积，故为积尺。"如图 2.2 所示，将图 2.2(a)变成了图 2.2(b)，便证明了式(2.2)。

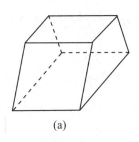 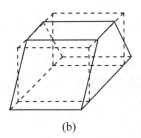

(a)　　　　　　　　(b)

图 2.2　堑及其出入相补

对其他的多面体，刘徽是在用无穷小分割方法和极限思想证明了阳马和鳖臑的体积公式之后，采用将它们分割成有限个长方体、阳马、鳖臑，求其和的方法，证明其体积公式的。这在后面再谈。

第二节　对开方术的几何解释与求微数

一、刘徽关于开方术的几何解释

(一)开方术的几何解释

刘徽开方术注说(其中宋体为《九章算术》本文，楷体为刘徽注)：

开方求方幂之一面也。术曰：置积为实。借一算，步之，超一等。言百之面十也。言万之面百也。议所得，以一乘所借一算为法，而以除。先得黄甲之面,上下相命,是自乘而除也。除已,倍法为定法。倍之者,豫张两面朱幂定袤,以待复除,故曰定法。其复除,折法而下。欲除朱幂者,本当副置所得成方,倍之为定法,以折、议、乘,而以除。如是当复步之而止,乃得相命。故使就上折下。复置借算,步之如初。以复议一乘之。欲除朱幂之角黄乙之幂,其意如初之所得也。所得,副以加定法,以除。以所得副从定法。再以黄乙之面加定法者,是则张两青幂之袤。复除,折下如前。

《九章算术》的开(平)方术是面积问题的逆运算,刘徽因此提出开平方是"求方幂之一面",即求面积为已知的正方形的边长,如图 2.3 所示。那么,若面积是百位数,边长就是十位数;若面积是万位数,边长就是百位数。"议所得"即根的第一位得数,就是正方形黄甲的边长;《九章算术》得出法,"而以除",相当于将边长自乘,以减实,就是从原正方形中除去黄甲的面积。将法加倍,是预先张开两块朱幂已经确定的长,以准备求第二位得数,即朱幂的宽,所以称为"定法"。朱幂位于黄甲的相邻的两侧。"折法"就是通过将定法退位使其缩小。确定第二位得数,就是朱幂的宽,也是小正方形黄乙的边长。从原正方形中再除去两朱幂和黄乙的面积。如此继续下去。

图 2.3 开方术的几何解释

(二)开立方术的几何解释

类似对开平方术的解释,刘徽认为开立方就是"立方适等,求其一面也",即求体积为被开方数的正方体的边长。因此,"言千之面十,言百万之面百",就是说,被开方数是千位数,边长就是十位数;被开方数是百万位数,边长就是百位数。"议所得,以再乘所借一算为法,而除之"的含义是:"再乘者,亦求为方幂。以上议命而除之,则立方等也。"如图 2.4 所示。

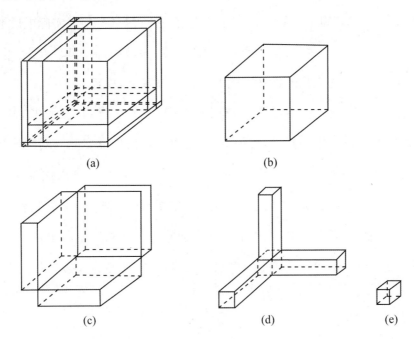

(a)　　　　　　　　　　(b)

(c)　　　　　(d)　　　(e)

图 2.4　开立方的几何解释

设被开方数为 A，"议所得"即根的第一位得数是 a_1，在这里，刘徽将《九章算术》的以法 a_1^2 除实 A 而得 a_1，改进为以 a_1^3 减 A，即 $A - a_1^3 = A_1$。a_1^3 就是如图 2.4(a)、(b)所示的以 a_1 为边长的正方体的体积。术文"除已，三之为定法"的含义是："为当复除，故豫张三面，以定方幂为定法也。"即已经确定了三方，作为定法，也就是三个扁平的长方体的面 a_1^2；这三个扁平长方体实际上位于以第一位得数 a_1 为边长的正方体的旁边，如图 2.4(a)、(c)所示。术文"复除，折而下"的含义是："复除者，三面方幂以皆自乘之数，须得折、议定其厚薄尔"，也就是将 a_1^2 退位，以议定三个扁平长方体的厚薄 a_2；复除时为什么要"折而下"，也就是"退位"呢？刘徽说："开平幂者，方百之面十；开立幂者，方千之面十。据定法已有成方之幂，故复除当以千为百，折下一等也。"术文"以三乘所得数，置中行"的含义是"设三廉之定长"，即已经确定了三廉，也就是三个长条的长方体的长 a_1，这三个长条长方体的一端都与以第二位得数 a_2 为边长的小正方体连接，如图 2.4(a)、(d)所示。术文"复借一算，置下行"的含义是："欲以为隅方，立方等未有定数，且置一算定其位。"如图 2.4(a)、(e)所示，也就是欲求位于隅角上的小正方体的边长,即第二位得数 a_2,因为还不知道它的数值是多少,故先借一算以确定它的位置。在求出第一位得数后,刘徽实际上改变了《九章算术》还上"借算",在求第二位得数时"复借一算"的做法,而采取"方法"退一位,"廉法"退二位,"隅法"退三位的做法。因此,对术文"步之,中超一、下超二等",刘徽说:"上方法,长自乘而一折;中廉法,但有长,故降一等;下隅法,无面长,故又降一等也。"对术文"复置议,以一乘中,再乘下,皆副以加定法。以定除",刘徽认为"以一乘中"是"为三廉之备幂也",即以第二位得数 a_2 乘 a_1,是为三个廉法准备的幂 a_1a_2;"再乘下"是"令隅自乘,为方幂也",即以第二位得数的二次方 a_2^2 乘 1,作为方幂;那么,"三面、三廉、一隅皆已有幂,以上议命之而除去三幂之厚也",也就是从剩余的实 A_1 中除去 $3a_1^2a_2$,$3a_1a_2^2$,a_2^3。总之,得出根的第一位得数 a_1,第二位得数 a_2,余实变成

$$A-a_1^3-(3a_1^2a_2+3a_1a_2^2+a_2^3)=A-(a_1+a_2)^3=A_2$$

若 $A_2 \neq 0$,需要继续开方。

刘徽说:

> 言不尽意,解此要当以棋,乃得明耳。

以棋解释开立方术,即图 2.4 所示。

二、刘徽对开方术的改进

由刘徽对开方术和开立方术的几何解释可以看出,他对《九章算术》的开方法做了许多改进。

第一,刘徽将《九章算术》的以法(或定法)除实,在开平方时改进为以开方得数的平方 a_1^2 或 $2a_1a_2+a_2^2$ 减实,在开立方时改进为以开方得数的立方 a_1^3 或 $3a_1^2a_2+3a_1a_2^2+a_2^3$ 减实。

第二,在求第二位及其以下各位得数时,刘徽改变了《九章算术》求出第一位得数后撤去借算并在开立方时将中行置于个位复"步之"以求减根方程的做法,而是先保留法、中行、下行的位置,对之做相应的运算后使之一退、二退、三退以求减根方

程。这样，使整个开方程序连贯下来，而不中断，因而程序性更为强烈。后来的开方法均遵从这种方式。有的学者认为《九章算术》的"中超一、下超二等"就是刘徽的退位，是将计算方向搞反了，或者是先验地假定刘徽的方法与《九章算术》相同而不得已做的曲解。

第三，刘徽根据法（或定法）、中行、下行在几何解释中的形状和位置，将其分别称为方法、廉法、隅法。求第二位得数时的定法是位于以第一位得数为边长的正方体的扁平长方体的方幂，故称为方或方法。廉，侧棱也。中行所表示的是位于以第一位得数为边长的正方体和三方的侧边形成的三个条形长方体的长，故称为廉或廉法。隅，角也。下行所表示的是位于一角的小正方体的方幂，故称为隅或隅法。

刘徽对《九章算术》开方法的改进影响极大，以上三项都被后来的开方法继承了下来。

三、刘徽"求微数"

（一）刘徽对此前的根的近似值的评论

《九章算术》开方术在开方不尽时，提出"以面命之"。这对任何计算必须算出具体数值的人们来说，实际上并没有解决问题。《九章算术》之后，许多学者设法表示无理根的近似值。对开平方，刘徽概括说：

> 术或有以借算加定法而命分者，虽粗相近，不可用也。凡开积为方，方之自乘当还复其积分。令不加借算而命分，则常微少；其加借算而命分，则又微多。其数不可得而定。

可见在"不可开"的情况下，有人以 $a+\dfrac{A-a^2}{2a+1}$ 为平方根的近似值，它比根的真值"微多"。但是，若定法不加借算而命分，则又比根的真值"微少"。也就是

$$a+\frac{A-a^2}{2a+1}<\sqrt{A}<a+\frac{A-a^2}{2a} \tag{2.3}$$

其中 A, a 分别是被开方数和根的整数部分，1 是借算。与开平方的式（2.3）类似，刘徽在开立方术注中也说"术亦有以定法命分者"确定近似值，可见在刘徽之前，亦有

以 $a+\dfrac{A-a^3}{3a^2+1}$ 或 $a+\dfrac{A-a^3}{3a^2}$ 表示开立方的无理根的近似值的。刘徽认为它们都是"不可用"的,从而创造了继续开方,"求其微数"的方法。

(二)刘徽的开方不尽求微数

刘徽求微数的方法是:

> 不以面命之,加定法如前,求其微数。微数无名者以为分子,其一退以十为母,其再退以百为母。退之弥下,其分弥细,则朱幂虽有所弃之数,不足言之也。

所谓求微数,就是以十进分数逼近无理根,与我们今天计算无理根的十进分数的近似值的方法完全一致。求微数的思想无疑是刘徽的无穷小分割和极限思想的反映,并且,从理论上说,这个近似值要多么精确就多么精确。但是,刘徽明确地说:"虽有所弃之数,不足言之也。"可见,它是近似计算,而不是一个极限过程。

在开方术注中,刘徽没有给出求微数的例子,但在割圆术求圆周率 $\pi=\dfrac{157}{50}$ 的程序中,有 8 次要用到求微数。譬如,其"割六觚以为十二觚术",需要计算 $\sqrt{75\text{寸}^2}$,便

> 下至秒、忽。又一退法,求其微数。微数无名知以为分子,以十为分母,约作五分忽之二。故得股八寸六分六厘二秒五忽五分忽之二。

这就是 $b=\sqrt{c^2-a^2}=\sqrt{75\text{寸}^2}=8$ 寸 6 分 6 厘 2 秒 $5\dfrac{2}{5}$ 忽。这都需要精确到"寸"下五六位有效数字。可见,倘无求微数的方法,刘徽不可能求得超过阿基米德(Archimedes,前 287—前 212)的圆周率近似值,祖冲之更不可能取得 8 位有效数字的旷世成就。可以毫不夸大地说,刘徽的割圆术奠定了中国的圆周率计算在世界上领先千余年的理论基础;而刘徽的求微数,则奠定了其计算方法基础。

四、刘徽关于二次开方式的造术

《九章算术》勾股章"邑方出南北门"问给出二次方程

$$x^2+(k+l)x=2km \tag{2.4}$$

其中出北门 DB 为 k,出南门 EC 为 l,折西 CA 为 m。

关于其造术，刘徽说：

> 　　此以折而西行为股，自木至邑南一十四步为勾，以出北门二十步为勾
>
> 率，北门至西隅为股率，半广数。故以出北门乘折西行股，以股率乘勾之
>
> 幂。然此幂居半以西，故又倍之，合东，尽之也。此术之幂，东西如邑方，南
>
> 北自木尽邑南十四步。之幂各南、北步为广，邑方为袤，故连两广为从法，
>
> 并以为隅外之幂也。

刘徽用两种方法推导开方式(2.4)。第一种方法是基于率的理论。如图 2.5(a)所示，勾股形 $ABC \approx$ 勾股形 FBD，因此 $BD:FD=BC:AC$，而 $FD=\dfrac{1}{2}x$，$BC=k+x+l$，故 $k:\dfrac{1}{2}x=(k+x+l):m$，于是便得到了式(2.4)。

　　第二种方法是使用出入相补原理进行证明。如图 2.5(b)所示，刘徽考虑自木 B 至邑南 C 为长，邑方 FG 为宽的长方形 $KMLH$，其面积为 $x^2+(k+l)x$。它是长方形 $BCLH$ 的面积的 2 倍。而由于勾股形 ABC 与 ABI 相等，AFL 与 AFJ 相等，FBH 与 FBD 相等，因此长方形 $DCLF$ 与 $FJIH$ 面积相等，故长方形 $BCLH$ 与 $DJIB$ 面积相等。后者的面积为 km，从而得出了二次方程式(2.4)。

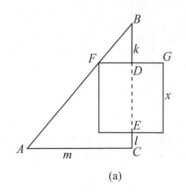

(a)

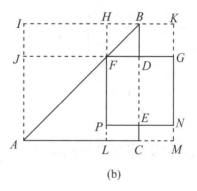

(b)

图 2.5　邑方出南北门术

这个出入相补过程的后半部分，刘徽未明确表述，是我们补充的。不过它符合中国古典数学的思路，也符合刘徽的思想。其中的关键是由容横容直原理得出的长方形 $DCLF$ 与 $FJIH$ 面积相等这个结论。

同时,我们看到,在建立开带从平方式的过程中,实际上用到了如积相消,这是后来宋元时期如积相消并进而成为天元术思想的先河。

第三节 勾股和重差解法的证明

一、对勾股定理的证明

对勾股定理,刘徽证明的方法是:

> 勾自乘为朱方,股自乘为青方,令出入相补,各从其类,因就其余不移动也,合成弦方之幂。

这几句话太简括。到底如何出入相补,自清中叶以来,诸说不一。我们认为,李潢的图较有道理。如图 2.6(b)所示,作出以勾、股、弦为边长的正方形,将勾方中的Ⅰ、股方中的Ⅱ、Ⅲ分别移至弦方中的Ⅰ′、Ⅱ′、Ⅲ′,勾方、股方与弦方重合的部分不动,恰恰填满弦方,从而证明了勾股定理[①]。

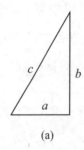
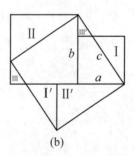

(a)　　　　　　　　(b)

图 2.6　勾股术之出入相补

二、对解勾股形诸公式的证明

《九章算术》和刘徽都讨论了已知勾、股、弦三者中某二者的和、差,求三者中某些元素的问题。《九章算术》的解勾股形成就很高,但是其公式抽象程度不够。刘徽以抽象的语言表达并证明了这些公式。

---

①[清]李潢:九章算术细草图说。见:郭书春主编:中国科学技术典籍通汇·数学卷,第 4 册。郑州:河南教育出版社,1993 年。大象出版社,2002 年,2015 年。本书凡引《九章算术细草图说》的文字,如不说明,均据此。

(一)勾幂、股幂与弦幂的关系

为了证明解勾股形诸公式,刘徽讨论了勾、股二幂与弦幂的关系。他说:

> 二幂之数谓倒在于弦幂之中而已,可更相表里,居里者则成方幂,其居表者则成矩幂。二表里形讹而数均。又按:此图勾幂之矩青,卷白表,是其幂以股弦差为广,股弦并为袤,而股幂方其里。股幂之矩青,卷白表,是其幂以勾弦差为广,勾弦并为袤,而勾幂方其里。是故差之与并,用除之,短、长互相乘也。

这实际上表示勾幂与股幂构成弦幂时,有如图 2.7 所示的两种情形。在图 2.7(a)中,若在弦方内裁去以股 b 为边的正方形,则剩余的部分就是勾幂之矩,常简称为勾矩,其面积为 c^2-b^2。同样,在图 2.7(b)中,若在弦方内裁去以勾 a 为边的正方形,则剩余的部分就是股幂之矩,常简称为股矩,其面积为 c^2-a^2。

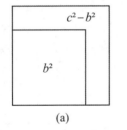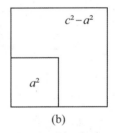

图 2.7　勾矩与股矩

将勾矩的一支裁下来,补到另一支上,则变成一个长为 $c+b$,宽为 $c-b$ 的长方形,于是

$$a^2=c^2-b^2=(c+b)(c-b) \qquad (2.5)$$

同样,则有

$$b^2=c^2-a^2=(c+a)(c-a) \qquad (2.6)$$

(二)勾与股弦差求股、弦

刘徽认为,《九章算术》勾股章"引葭赴岸"问[图 2.8(a)]是已知勾 a 与股弦差 $c-b$,求股、弦的问题,应用公式:

$$b = \frac{a^2 - (c-b)^2}{2(c-b)}$$

$$c = b + (c-b)$$

(2.7)

在这里,半池方为勾 a,水深为股 b,葭长为弦 c,如图 2.8(b)所示。刘徽接着注曰:

> 以勾、弦见股,故令勾自乘,先见矩幂也。出水者,股弦差。减此差幂
> 于矩幂则除之。差为矩幂之广,水深是股。令此幂得出水一尺为长,故为
> 矩而得葭长也。

如图 2.8(c)所示,刘徽将勾方 a^2 变成勾矩 $ABCGFE$:$a^2 = c^2 - b^2$。在勾矩中除去以 $c-b$ 为边长的正方形 $BHFI$,则剩余 2 个以股 b 为长,以股弦差 $c-b$ 为宽的长方形,即

$$a^2 - (c-b)^2 = (c^2 - b^2) - (c-b)^2 = 2b(c-b)$$

故

$$b = \frac{a^2 - (c-b)^2}{2(c-b)} = \frac{1}{2}\left[\frac{a^2}{c-b} - (c-b)\right]$$

这就是式(2.7)的第一式。

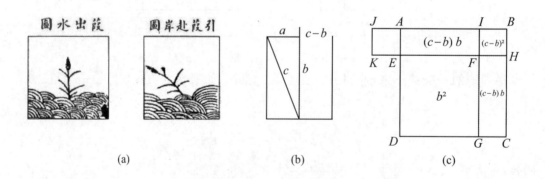

(a)   (b)   (c)

图 2.8 勾与股弦差求股、弦

勾矩幂加上 $(c-b)^2$(即面积 $AEKJ$),则成为由长方形 $BCGI$ 和 $IFKJ$ 合成的图形,其面积为 $2c(c-b)$。因而

$$c = \frac{a^2 + (c-b)^2}{2(c-b)} = \frac{1}{2}\left[\frac{a^2}{c-b} + (c-b)\right]$$

(2.8)

式(2.8)与式(2.7)的第二式等价。

(三)勾与股弦并求股、弦

刘徽认为,《九章算术》勾股章的"竹高折地"问是已知勾及股弦并求股的问题,应用了

$$b=\frac{1}{2}\left[(c+b)-\frac{a^2}{c+b}\right] \tag{2.9}$$

其中去本为勾 a,余高为股 b,折者为弦 c,竹高是股弦并 $c+b$。刘徽说,勾自乘之幂除以股弦并,得股弦差。即

$$c-b=\frac{a^2}{c+b} \tag{2.10}$$

刘徽接着说:

令高自乘为股弦并幂,去本自乘为矩幂,减之,余为实。倍高为法,则得折之高数也。

此即

$$b=\frac{(c+b)^2-a^2}{2(c+b)}$$

亦即式(2.9)。其出入相补的方式如图 2.9(c)所示:作以 $c+b$ 为边长的正方形。其中 I 为 b^2,除去 $a^2=c^2-b^2$,将 I 移到 I' 处,则其面积显然是 $2b(c+b)$,求出 b 即得式(2.9)。

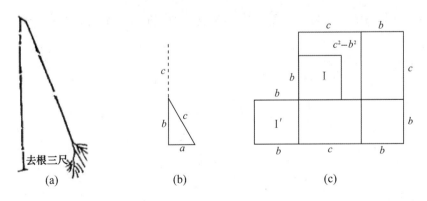

图 2.9　勾与股弦和求股、弦

赵爽的"勾股圆方图注"中还有式(2.10)的对称公式

$$c+b=\frac{a^2}{c-b}$$

及式(2.9)的对称公式

$$c=\frac{(c+b)^2+a^2}{2(c+b)} \tag{2.11}$$

(四)弦与勾股差求勾、股

《九章算术》"户高多于广"问[图2.10(a)]使用了由弦 c 及勾股差 $b-a$ 求勾、股的公式

$$a=\sqrt{\frac{c^2-2\left(\frac{b-a}{2}\right)^2}{2}}-\frac{b-a}{2}$$

$$\tag{2.12}$$

$$b=\sqrt{\frac{c^2-2\left(\frac{b-a}{2}\right)^2}{2}}+\frac{b-a}{2}$$

刘徽记载了对《九章算术》原公式(2.12)的推导:

> 今此术先求其半。一丈自乘为朱幂四、黄幂一。半差自乘,又倍之,为黄幂四分之二。减实,半其余,有朱幂二、黄幂四分之一。其于大方者四分之一。故开方除之,得高广并数半。减差半,得广;加,得户高。

如图2.10(b)所示,弦方中的4个勾股形称为朱幂,$(b-a)^2$ 为黄方,则 $c^2-2\left[\frac{1}{2}(b-a)\right]^2$ 为4个朱幂,$\frac{1}{2}$ 个黄幂。取其一半,则为2个朱幂,$\frac{1}{4}$ 个黄幂,恰为以 $b+a$ 为边长的正方形的 $\frac{1}{4}$:

$$\frac{1}{4}(b+a)^2=\frac{1}{2}\left\{c^2-2\left[\frac{1}{2}(b-a)\right]^2\right\}$$

开方,得 $\frac{1}{2}(b+a)=\sqrt{\frac{1}{2}\left\{c^2-2\left[\frac{1}{2}(b-a)\right]^2\right\}}$,由

$$a=\frac{1}{2}[(b+a)-(b-a)]$$

$$b=\frac{1}{2}[(b+a)+(b-a)]$$

便证明了《九章算术》的公式(2.12)。

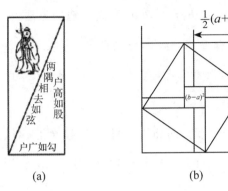 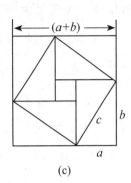

(a)　　　　　　　(b)　　　　　　　(c)

图 2.10　弦与勾股差求勾、股

刘徽又记载了新的方法：

令户广为勾，高为股，两隅相去一丈为弦，高多于广六尺八寸为勾股

差。按图为位，弦幂适满万寸。倍之，减勾股差幂，开方除之。其所得则高

广并数。以差减并而半之，即户广；加相多之数，即户高也。

刘徽将一个弦幂 c^2 分解成 4 个勾股形及一个以勾股差 $b-a$ 为边长的小正方形。取两个弦幂，将其中一个除去 $(b-a)^2$，而将剩余的 4 个勾股形拼到另一个弦幂上，则得到一个以勾股并 $b+a$ 为边长的大正方形，如图 2.10(c)所示，其面积为

$$(b+a)^2 = 2c^2 - (b-a)^2$$

于是

$$b+a = \sqrt{2c^2 - (b-a)^2}$$

因此

$$a = \frac{1}{2}\left[(b+a) - (b-a)\right] = \frac{1}{2}\left[\sqrt{2c^2 - (b-a)^2} - (b-a)\right]$$

$$b = \frac{1}{2}\left[(b+a) + (b-a)\right] = \frac{1}{2}\left[\sqrt{2c^2 - (b-a)^2} + (b-a)\right]$$

(2.13)

这组公式与《九章算术》的公式(2.12)是等价的。赵爽也有式(2.13)，可见它并不是刘徽创造的。

（五）弦与勾股并求勾、股

刘徽记载并证明了由弦 c 与勾股并 $a+b$，求 a,b 的公式。他的方法是：

> 其勾股合而自相乘之幂者，令弦自乘，倍之，为两弦幂，以减之。其余，开方除之，为勾股差。加于合而半，为股；减差于合而半之，为勾。勾、股、弦即高、广、袤。其出此图也，其倍弦为袤。

勾股合即勾股并。如图 2.11 所示，将Ⅰ不动，而将Ⅱ′、Ⅲ′、Ⅳ′移至Ⅱ、Ⅲ、Ⅳ处，则 $(b+a)^2$ 与 $2c^2$ 相比，只有以 $b-a$ 为边长的黄方未被填满，于是 $(b-a)^2 = 2c^2 - (b+a)^2$，进而 $b-a = \sqrt{2c^2 - (b+a)^2}$。那么，

$$a = \frac{1}{2}[(a+b) - (a-b)] = \frac{1}{2}[(b+a) - \sqrt{2c^2 - (b+a)^2}]$$

$$b = \frac{1}{2}[(b+a) + (a-b)] = \frac{1}{2}[(b+a) + \sqrt{2c^2 - (b+a)^2}]$$

(2.14)

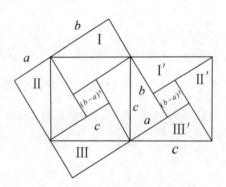

图 2.11　弦与勾股并求勾、股

很容易看出式(2.14)与(2.13)的对称性。

（六）关于勾股差问题的拓展

赵爽、刘徽还给出了求勾股差，及用勾股差与弦求勾的新方法。刘徽说：

> 令矩勾即为幂，得广即勾股差。其矩勾之幂，倍勾为从法，开之亦勾股差。以勾股差幂减弦幂，半其余，差为从法，开方除之，即勾也。

刘徽的这段注文表示

$$b - a = \frac{b^2 - a^2}{b+a}$$

$$(b-a)^2+2a(b-a)=b^2-a^2 \qquad (2.15)$$

$$a^2+(b-a)a=\frac{c^2-(b-a)^2}{2} \qquad (2.16)$$

式(2.15)和式(2.16)分别是求 $b-a$ 与 a 的带从开平方式。赵爽也给出了开方式(2.16)。

(七)勾弦差、股弦差求勾、股、弦

《九章算术》"持竿出户"问[图2.12(a)、(b)]使用了已知勾弦差、股弦差求勾、股、弦公式:

$$a=\sqrt{2(c-a)(c-b)}+(c-b)$$
$$b=\sqrt{2(c-a)(c-b)}+(c-a) \qquad (2.17)$$
$$c=\sqrt{2(c-a)(c-b)}+(c-a)+(c-b)$$

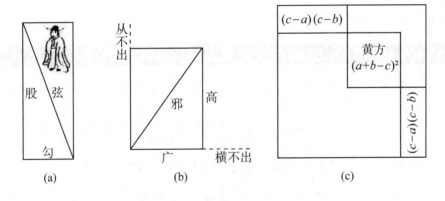

图2.12 勾弦差、股弦差求勾、股、弦

刘徽对公式(2.17)作出了证明,其方法是:

凡勾之在股,或矩于表,或方于里。连之者举表矩而端之。又从勾方里令为青矩之表,未满黄方。满此方则两端之邪重于隔中,各以股弦差为广,勾弦差为袤。故两端差相乘,又倍之,则成黄方之幂。开方除之,得黄方之面。其外之青知,亦以股弦差为广。故以股弦差加,则为勾也。

邪(yú),音、义同余。《史记·历书》:"先王之正时也,履端于始,举正于中,归邪于终。"[1]"归邪于终",《左传》作"归余于终"[2]。"两端之邪"指青幂之矩位于两端多余的部分。戴震将"邪"读为"斜",遂不可解,改为"廉";钱校本以为戴校"非是",改为"矩",亦不妥。刘徽将图 2.7(b)旋转 180°,与图 2.7(a)叠合,则成为图 2.12(c)。股幂之矩与由勾方变成的青幂之矩的面积之和应为 $a^2 + b^2 = c^2$,却未将黄方填满。而应该填满黄方的这部分,恰是青幂之矩位于两端的多余的部分,它们与股矩重合于弦方的两角,广是 $c-b$,长是 $c-a$,其面积之和是 $2(c-a)(c-b)$。黄方的面积应与此相等,即 $2(c-a)(c-b)$。那么,黄方的边长为 $\sqrt{2(c-a)(c-b)}$。另外,黄方的边长显然是 $a+b-c$,于是 $a+b-c = \sqrt{2(c-a)(c-b)}$。由

$$a = (a+b-c) + (c-b)$$
$$b = (a+b-c) + (c-a)$$
$$c = (a+b-c) + (c-b) + (c-a)$$

便证明了式(2.17)。

三、对勾股数组通解公式的证明

《九章算术》勾股章"甲乙出南北门"问[图 2.13(a)]使用了勾股数组通解公式

$$a : b : c = \frac{1}{2}(m^2 - n^2) : mn : \frac{1}{2}(m^2 + n^2) \tag{2.18}$$

刘徽首次用出入相补原理对式(2.18)进行了证明[3][4],他说:

> 术以同使无分母,故令勾弦并自乘为朱、黄相连之方。股自乘为青幂之矩,以勾弦并为袤,差为广。今有相引之直,加损同上。其图大体,以两弦为袤,勾弦并为广。引横断其半为弦率。列用率七自乘者,勾弦之并率。故弦减之,余为勾率。同立处是中停也。皆勾弦并为率,故亦以股率同其袤也。

①[西汉]司马迁:史记。北京:中华书局,1959 年。
②[周]左丘明:春秋左氏传·文公元年。见《十三经注疏》,第 1836 页。北京:中华书局,1982 年。
③李继闵:刘徽对整勾股数的研究。《科技史文集》第 8 辑(数学史专辑)。上海科学技术出版社,1982 年。
④郭书春:《九章算术》中的整数勾股形研究。《科技史文集》第 8 辑(数学史专辑)。上海科学技术出版社,1982 年。收入《郭书春数学史自选集》上册。济南:山东科学技术出版社,2018 年。

这是说,以"同"(即勾弦并率 m)化去分母,使其都变为整数。因此,其幂图以勾弦并 $c+a$ 作为广,使 $(c+a)^2$ 为朱、黄相连之方 $ABCD$,如图 2.13(b)所示。其中 $AGHI$ 是朱方,即 a^2;$HJCK$ 是黄方,即弦方 c^2;$AMPL$ 也是弦方 c^2;而 $IHGMPL$ 是青幂之矩,即 $b^2 = c^2 - a^2$。将青幂之矩引直,变成 $BEFC$,以 $c-a$ 为广,$c+a$ 为袤。因此,整个图形 $AEFD$ 以勾弦并 $c+a$ 为广,以两弦 $2c$ 为袤。勾率、股率、弦率就是 $a(c+a)$,$b(c+a)$,$c(c+a)$。$c(c+a)$ 是整个图形 $AEFD$ 面积的一半。这就是说,使股率也有同样的袤,而

$$c(c+a) = \frac{1}{2}\left[(c+a)^2 + b^2\right]$$

$$a(c+a) = (c+a)^2 - c(c+a)$$

而由于 $(c+a) : b = m : n$,故

$$c(c+a) = \frac{1}{2}(m^2 + n^2)$$

$$a(c+a) = m^2 - \frac{1}{2}(m^2 + n^2) = \frac{1}{2}(m^2 - n^2)$$

$$b(c+a) = mn$$

容易得到式(2.18)。

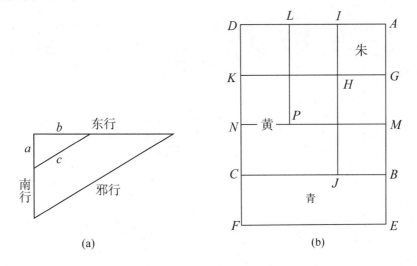

图 2.13　勾股数组之证明

四、对勾股容方、勾股容圆公式的证明

《九章算术》勾股章提出了勾股容方公式,所容正方形的边长为

$$d = \frac{ab}{a+b} \tag{2.19}$$

又提出了勾股容圆公式,其内切圆的直径为

$$d = \frac{2ab}{a+b+c} \tag{2.20}$$

刘徽注采用出入相补原理分别证明了公式(2.19)、公式(2.20)。

(一)勾股容方公式的证明

刘徽曰:

> 勾、股相乘为朱、青、黄幂各二。令黄幂裛于隅中,朱、青各以其类,令
>
> 从其两径,共成修之幂:中方黄为广,并勾、股为裛,故并勾、股为法。

这是使用出入相补原理证明《九章算术》的勾股容方公式(2.19)的方法。勾股容方如图 2.14(a)所示。将勾股形所容之正方形称为黄幂,分割出的勾上之小勾股形称为朱幂,股上之小勾股形称为青幂。取两个这样的勾股形,沿弦拼合成一个长方形,其面积为勾、股相乘,即 ab。它含有朱幂、青幂、黄幂各 2 个,如图2.14(b)所示。将它们重新拼合成一个以黄幂的边长 d 为宽、以 $a+b$ 为长的长方形,如图 2.14(c)所示,其面积当然仍为 ab。求 d,就是所容小正方形边长的公式(2.19)。

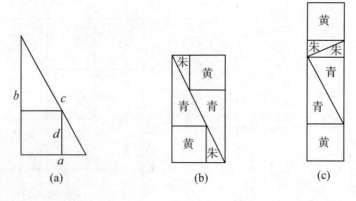

图 2.14 勾股容方

(二) 勾股容圆公式的证明

刘徽勾股容圆注的第一段是以出入相补原理证明勾股容圆公式(2.20)的方法。

刘徽说：

> 又以圆大体言之，股中青必令立规于横广，勾、股又邪三径均。而复连
> 规，从横量度勾股，必合而成小方矣。勾、股相乘为图本体，朱、青、黄幂各
> 二，倍之，则为各四。可用画于小纸，分裁邪正之会，令颠倒相补，各以类
> 合，成修幂：圆径为广，并勾、股、弦为袤。故并勾、股、弦以为法。

勾股容圆如图 2.15(a) 所示。取一个容圆的勾股形，从圆心将其分割成 2 个朱幂、
2 个青幂、1 个黄幂，其中黄幂的边长是圆半径 r。两个这样的勾股形合成一个以勾
a 为宽、以股 b 为长的长方形，如图 2.15(b) 所示。取两个这样的长方形，其面积为
$2ab$。各以其类重新拼合成一个以容圆直径 d 为广，以勾、股、弦之和 $a+b+c$ 为长
的长方形，如图 2.15(c) 所示。其面积为 $(a+b+c)d$。显然，

$$2ab=(a+b+c)d$$

便求出了容圆直径公式(2.20)。

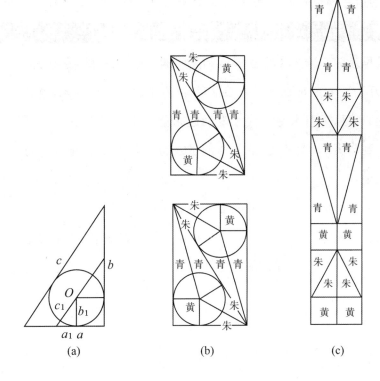

图 2.15　勾股容圆

（三）另外的勾股容圆公式

刘徽又给出了另外几个勾股容圆径的公式。他说：

> 圆径又可以表之差、并：勾弦差减股为圆径；又，弦减勾股并，余为圆
>
> 径；以勾弦差乘股弦差而倍之，开方除之，亦圆径也。

这就是：

$$d = b - (c - a)$$
$$d = (a + b) - c$$
$$d = \sqrt{2(c-a)(c-b)}$$

这几个公式怎么得出的，刘徽没有记载。北宋贾宪将勾股容圆术称为"勾股求弦和较法"，因为显然

$$(a + b) - c = \sqrt{2(c-a)(c-b)}$$

此式说明，勾股容圆径就是已知勾弦差、股弦差求勾、股、弦公式（2.17）的首项。

五、对重差术公式的证明

人们很早就关心给人类带来温暖和光明的太阳的高远问题。郑玄注《周礼》云："南戴日下万五千里。"刘徽说："夫云尔者，以术推之。"这里的术，就是重差术。按照郑众、郑玄的说法，重差术是汉代才发展起来的一个数学分支。刘安使用重差术测望过太阳。到赵爽、刘徽时代，重差术的重表、连索、累矩三种基本的测望技术已经完备。赵爽说：

> 定高、远者立两表，望悬邈者施累矩。

立两表显然就是重差术的"重表"法。可见赵爽是通晓重表、累矩等重差方法的。事实上，他用重表法注释了《周髀算经》的"日高图"。刘徽则更娴熟地使用了这三种方法。

（一）重表法

重表法在《海岛算经》中首见之于"望海岛"问：

今有望海岛，立两表，齐高三丈，前后相去千步，令后表与前表参相直。从前表却行一百二十三步，人目著地取望岛峰，与表末参合。从后表却行一百二十七步，人目著地取望岛峰，亦与表末参合。问：岛高及去表各几何？

术曰：以表高乘表间为实，相多为法，除之。所得加表高，即得岛高。求前表去岛远近者，以前表却行乘表间为实，相多为法，除之，得岛去表数[①]。

如图 2.16 所示，设表高为 h，表间为 d，前表 AB，却行至 E，BE 为 b_1，后表 CD，却行至 F，DF 为 b_2，岛高 PQ 为 p，前表至岛 BQ 为 q，此即：

$$p = \frac{hd}{b_2 - b_1} + h \tag{2.21-1}$$

$$q = \frac{b_1 d}{b_2 - b_1} \tag{2.21-2}$$

其中的表间与两表却行相多都是两个量的差，所以叫重差。式(2.21-2)与《淮南子》的公式相同。实际上刘徽在《九章算术序》中就用重表法测望太阳高、远的重差公式。

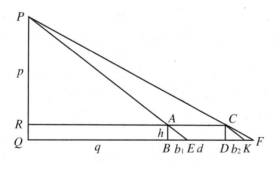

图 2.16　重表法

有人以为《海岛算经》"海岛"问的原型是山东沿海的一海岛。然而据此问之答案，此海岛高 4 里 55 步，前表至海岛 102 里 150 步，以魏尺 1 尺合今 23.8 厘米计算，岛高为 1792.14 米，前表至海岛为 43911 米，山东沿海乃至全中国沿海无高 1000 多

①［魏］刘徽：海岛算经，郭书春点校。郭书春、刘钝点校：《算经十书》。沈阳：辽宁教育出版社，1998 年。繁体字修订本，台北：九章出版社，2001 年。

米而又距大陆仅 40 多千米的海岛。联系到刘徽《九章算术注序》论述重差术时谈到过测望泰山，我们认为"测望海岛"问是以泰山为原型的。泰山极顶海拔高程为 1532.8 米，且泰山南偏西方向十分陡峭，7 千米外的泰安城海拔即下降到 130 米。自今肥城高淤、城宫一带测望泰山无任何障碍。1990 年，笔者在泰山管委会的支持下到肥城测望过泰山，测得山高为 2046 米。测望的结果与泰山的实际高度尽管误差较大，但比清阮元用重差术对泰山的测望结果还是精确得多（阮元测得的结果为 233 丈 5 寸 8$\frac{2}{31}$分，约合海拔 970 米）[①]。

(二)连索法

连索法首见之于《海岛算经》第 3 问"望方邑"问：

> 今有南望方邑，不知大小。立两表，东西去六丈，齐人目，以索连之。令东表与邑东南隅及东北隅参相直。当东表之北却行五步，遥望邑西北隅，入索东端二丈二尺六寸半。又却北行去表一十三步二尺，遥望邑西北隅，适与西表相参合。问：邑方及邑去表各几何？
>
> 术曰：以入索乘后去表，以两表相去除之，所得为景长。以前去表减之，不尽，以为法。置后去表，以前去表减之，余，以乘入索为实。实如法而一，得邑方。求去表远近者，置后去表，以景长减之，余，以乘前去表，为实。实如法而一，得邑去表。

如图 2.17 所示，设邑方 PQ 为 a，两表处为 A、B，两表之间连索 AB，记 AB 为 d，邑去表 AQ 为 l，东表前却行 AC 为 b_1，入索 AE 为 e，东表后却行 AD 为 b_2，刘徽先求出 AK，称为景长。作 EK∥BD。设景长为 k，则 $k=\frac{eb_2}{d}$；那么，有

$$a=\frac{e(b_2-b_1)}{k-b_1} \tag{2.22-1}$$

$$l=\frac{b_1(b_2-k)}{k-b_1} \tag{2.22-2}$$

---

① 郭书春：刘徽测望过泰山之高吗？《泰山研究论丛》(五)，青岛：中国海洋大学出版社，1992 年，第 265-277 页。收入《郭书春数学史自选集》上册。济南：山东科学技术出版社，2018 年。

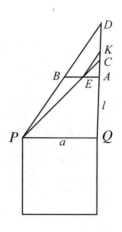

图 2.17 连索法

(三)累矩法

累矩法首见于《海岛算经》第 4 问"望深谷"问:

今有望深谷,偃矩岸上,令勾高六尺。从勾端望谷底,入下股九尺一寸。又设重矩于上,其矩间相去三丈。更从勾端望谷底,入上股八尺五寸。问:谷深几何?

术曰:置矩间,以上股乘之,为实。上、下股相减,余为法。除之,所得以勾高减之,即得谷深。

如图 2.18 所示,谷深为 CQ,谷底另端为 P,下矩为 ABC,上矩为 EFG。设矩之勾高 $BC=FG$ 为 a,矩间 CG 为 d,下股 AC 为 b_1,上股 EG 为 b_2,谷深 CQ 为 h,此即望谷公式

$$h=\frac{db_2}{b_1-b_2}-a \tag{2.23}$$

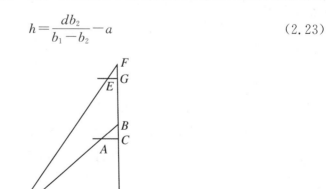

图 2.18 累矩法

(四)刘徽造术之推测

由于刘徽对《重差》的自注及图已佚,清中叶以来,人们开始探讨刘徽的思路。李潢撰《海岛算经细草图说》,沈钦裴撰《重差图说》,都用相似形对应边成比例的原理说明造术的正确性。钱宝琮认为李潢、沈钦裴添线过多,不符合刘徽原意。目前学术界基本上有三种意见。一是以钱宝琮为代表,认为是以相似勾股形对应边"相与之势不失本率"的原理证明的。二是以吴文俊为代表,认为是用出入相补原理证明的。三是郭书春的意见:鉴于刘徽对《九章算术》勾股章比较复杂的问题都是同时使用"相与之势不失本率"和出入相补这两种原理,那么刘徽对《海岛算经》这些比勾股章复杂得多的术文,当然更应该同时使用这两种方法,它们可以并行不悖。先以重表法为例说明以出入相补原理证明式(2.21-1)、式(2.21-2)的方法。

吴文俊使用出入相补方法,其基础是容横容直原理。贾宪在《黄帝九章算经细草》中提出的一条重要原理:

直田斜解勾股二段,其一容直,其一容方,二积相等[①]。

杨辉则更进一步认为容直容横二积相等,如图2.19所示,一个长方形被其对角线分成两个勾股形,则它们所容的以对角线上任意一点为公共点的长方形,其面积相等。这个原理尽管在北宋贾宪、南宋杨辉才明确写出,但是刘徽时代甚至他以前的数学界已经通晓,是绝无问题的。

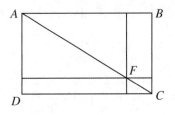

图2.19 容横容直原理

吴文俊的方法是:如图2.20所示,作长方形 $PQEK$ 和 $PQFJ$。由容横容直原理,在长方形 $PQFJ$ 中,$\square CJ = \square CQ$,在长方形 $PQEK$ 中,$\square AQ = \square AK$,两者相减,得

$$\square CJ - \square AK = \square BC$$

①[北宋]贾宪:黄帝九章算经细草。见:[南宋]杨辉:《详解九章算法》。载:郭书春主编:《中国科学技术典籍通汇·数学卷》,第1册。郑州:河南教育出版社,1993年。大象出版社,2002年,2015年。

此即

后表却行×(岛高－表高)－前表却行×(岛高－表高)＝表间×表高

亦即

(后表却行－前表却行)×(岛高－表高)＝表间×表高

由此得岛高公式。又从□AQ＝□AK，得

前表去岛×表高＝前表却行×(岛高－表高)

代入岛高公式，便得到前表去岛公式(2.21-1)的第一项。

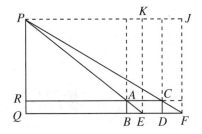

图 2.20　吴文俊对重表法的证明

吴文俊认为，"海岛第一题中的岛高公式，望松第二题的松高辅助公式，以及望谷第四题的谷深公式，代表了古代用矩立表以望高、知远、测深的三个基本结果，其余诸题的公式皆可从这三个基本公式容易得出。"[①]这里的松高辅助公式在原书中没有提及，是吴文俊推出的。

"望松"问是：

今有望松生山上，不知高下。立两表，齐高二丈，前后相去五十步，令后表与前表参相直。从前表却行七步四尺，薄地遥望松末，与表端参合。又望松本，入表二尺八寸。复从后表却行八步五尺，薄地遥望松末，亦与表端参合。问：松高及山去表各几何？

设松高为 h，表间为 d，前表却行为 b_1，后表却行为 b_2，入表为 p，前表去山为 q，此即

$$h=\frac{dp}{b_2-b_1}+p \qquad (2.24-1)$$

$$q=\frac{b_1d}{b_2-b_1} \qquad (2.24-2)$$

①吴文俊：《海岛算经》古证探源。见：《吴文俊论数学机械化》，第152页。济南：山东教育出版社，1995年。

吴文俊推出的松高辅助公式是

$$h = \frac{pq}{b_1} + p \qquad\qquad (2.24\text{-}3)$$

将式(2.24-2)代入式(2.24-3),便得到式(2.24-1)。

第三章

刘徽对率的理论的发展

▌第一节　率与齐同原理 ▌

《周髀算经》《九章算术》和秦汉数学简牍，甚至《墨子》等先秦典籍都使用了率，但总的说来比较零散。刘徽将率的应用推广到《九章算术》大部分术文以及 200 余个题目的解法，大大发展完善了率的理论，认为率借助于齐同原理，成为"算之纲纪"。

一、率的定义和性质

（一）率的定义

率的本义是标准、法度、准则。相关的各种物品在同一数量标准下有不同的数量表现，就是各自的标准量。一般来说，相关的各种物品在同一数量标准下的相互数量关系是不变的，这就构成了率，通常用这些物品各自的标准量表示率。《九章算术》使用的率由于没有定义，其概念的内涵靠约定俗成，因此在有的地方偏离了率概念。刘徽对率作出了明确的定义：

凡数相与者谓之率。

"相与"就是现在的相关。"数"实际上是一组可变的量；一组变量，如果它们相关，就称为率。成比例的一组量无疑呈率关系，比例是率中最直观，并且应用最为广泛的一种算法，而且至今仍在使用。但是，刘徽的"率"的含义比比例要深、广得多。他关于率的定义反映了相关的事物之间数量关系的本质属性，不仅与先秦以来关于率的约定俗成的含义一致，而且在其广泛应用中保持了概念的同一性。

（二）率的求法

怎样求出诸量之间的率关系呢？刘徽说：

少者多之始，一者数之母，故为率者必等之于一。

他把 1 作为公度，并以粟、粝之率为例，5 单位粟可以化为 1，而 3 单位粝可以化为 1，因此，粟 5、粝 3 便是粟、粝的相与之率。当然，实际计算中，通常不必经由"等之于一"这一步,直接考虑相关量的相对关系即可。

率,可由同类同级的单位得出,如刘徽所说的"可俱为铢、可俱为两、可俱为斤,无所归滞也";也可由同类而不同级的单位得出,如刘徽所说的"斤两错互而亦同归",可以"使干丝以两数为率,生丝以斤数为率";还可以由不同类的物品得出,如刘徽所说"譬之异类,亦各有一定之势",如单位与价钱、时间与行程等不同类物品之间的率关系便是如此。

(三)率的性质

由率的定义,刘徽得出如下性质:

凡所得率知,细则俱细,粗则俱粗,两数相抱而已。

抱,引取也。就是说,凡是构成率关系的一组量,在投入运算时,其中一个扩大或缩小多少倍,其余的量也必须同时扩大或缩小同一倍数。刘徽提出了率的三种等量变换:"乘以散之""约以聚之""齐同以通之"。这三种等量变换最初是从分数运算中抽象出来的,比如分数 $\frac{b}{a}$,"乘以散之",就是将分数的分子、分母乘同一常数: $\frac{b}{a}=\frac{mb}{ma}$,其中 m 为正整数。"约以聚之",就是以同一常数约简其分子、分母。若 a,b 都能被 m 整除,即 $c=\frac{a}{m},d=\frac{b}{m},c,d$ 皆为正整数,则 $\frac{b}{a}=\frac{md}{mc}=\frac{d}{c}$。

分数的加法、减法与除法都要用到"齐同以通之"。齐同就是使分数的分母相同,再通过"乘以散之""约以聚之",使诸分子分别与其分母相齐。这就是,先将两分数通分,得到公分母叫作同;再使两分数的分子扩大与分母同样的倍数,以使分数值不变,叫作齐。这就是齐同原理。

(四)相与率

利用"乘以散之""约以聚之",可以将呈率关系的两个分数或两个有公因子的数化成两个没有公因子的整数。如求圆周率时,刘徽将直径 2 尺与圆周长的近似值 6 尺 2 寸 8 分化成径率 50,周率 157;"青丝求络丝"问,刘徽将络丝 1 斤两数(16 两)与练丝 12 两化成络丝率 4,练丝率 3,将练丝 1 斤铢数(384 铢)与青丝 1 斤 12 铢(396 铢)化成练丝率 32,青丝率 33;等等,这都是相与率。因此刘徽提出了相与率的概念。他说:

> 率知,自相与通。有分则可散,分重叠则约也。等除法实,相与率也。

等即等数,就是现今之公因子,在两个数的情况下,就是最大公约数。中国古代没有素数与互素的概念,两个量的相与率,就是互素的两个数。在某种意义上,相与率起到互素的作用。相与率的提出,可以化简许多运算。事实上,刘徽的运算中,基本上都使用相与率。

二、今有术的推广

刘徽非常重视《九章算术》提出的今有术,把它看成"都术",即普遍方法,并且认为:

> 诚能分诡数之纷杂,通彼此之否塞,因物成率,审辨名分,平其偏颇,齐
> 其参差,则终无不归于此术也。

刘徽把《九章算术》中许多与今有术并列的术文及许多题目的解法归结为今有术,今有术的应用遍于九章,200多个问题。经率术很容易归结为今有术。

刘徽将衰(cuī)分术也归结为今有术,列衰,即诸 $m_i(i=1,2,\cdots,n)$ 就是相与率,若它们有公倍数,则可以约简。他说:

> 列衰,相与率也。重叠,则可约。

刘徽接着指出衰分术中的各个术语——"列衰""副并"(即诸列衰之和:$m_1+m_2+\cdots+m_n$)、"所分"在今有术中的意义:

> 于今有术,列衰各为所求率,副并为所有率,所分为所有数。

像均输术这样复杂的比例分配问题,《九章算术》已经归结为衰分术,刘徽将衰分术归结为今有术,自然也将均输术归结为今有术。他说:

> 于今有术,副并为所有率,未并者各为所求率,以赋粟车数为所有数,
> 而今有之,各得车数。

刘徽还把许多其他算术问题归结为今有术。为此,需要首先根据问题的条件找出率关系,即所谓的"因物成率"。衰分章后半部的非衰分问题(宋以后称为异乘同除问题)是简单的今有术问题,是不言而喻的。其他比如均输章的追及、还原、复比

例等较复杂的算术问题只要"因物成率"，也归结为今有术。

均输章里"客去忘持衣"词是一个追及问题：

> 今有客马日行三百里。客去忘持衣。日已三分之一，主人乃觉，持衣
> 追及与之而还，至家视日四分之三。问：主人马不休，日行几何？

《九章算术》的解法是：

> 术曰：置四分日之三，除三分日之一，半其余，以为法。副置法，增三分
> 日之一。以三百里乘之，为实。实如法，得主人马一日行。

这就是：

$$主人马日行 = 300 \text{ 里} \times \left[\frac{1}{2}\left(\frac{3}{4} - \frac{1}{3}\right) + \frac{1}{3}\right] \div \frac{1}{2}\left(\frac{3}{4} - \frac{1}{3}\right)$$

刘徽认为，$\frac{3}{4} - \frac{1}{3} = \frac{5}{12}$ 是"主人追客还用日率"。那么"去其还，存其往"，

$\frac{1}{2} \times \left(\frac{3}{4} - \frac{1}{3}\right) = \frac{5}{24}$ 是"主人与客均行用日之率"。而 $\frac{5}{24}$ 又是"主人往追用日之分"，

$\frac{1}{3}$ 是"客去主人未觉之前独行用日之分"。两者相加，$\frac{5}{24} + \frac{1}{3} = \frac{13}{24}$ 为"主人追及前用日

之分"，也就是"客人与主人均行用日率"。最后，刘徽说：

> 然则主人用日率者，客马行率也；客用日率者，主人马行率也。母同则
> 子齐，是为客马行率五，主人马行率十三。于今有术，三百里为所有数，十
> 三为所求率，五为所有率，而今有之，即得也。

于是，

$$主人马日行 = 300 \text{ 里} \times 13 \div 5 = 780 \text{ 里}$$

"持米出三关"问是还原问题：

> 今有人持米出三关，外关三而取一，中关五而取一，内关七而取一，余
> 米五斗。问：本持米几何？

《九章算术》的解法是：

$$本持米 = (5 \text{ 斗} \times 3 \times 5 \times 7) \div (2 \times 4 \times 6)$$

刘徽注给出了三种方法。第一种方法是重今有术。他说：

> 此亦重今有也。所税者，谓今所当税之。定三、五、七皆为所求率，二、四、六皆为所有率。

三次应用今有术，依次求出内、中、外关未税之本米。刘徽称这种方法为重今有术。

第二种方法是诸率悉通法。刘徽说："今从末求本，不问中关，故令中率转相乘而同之。亦如络丝术。"关于诸率悉通法，下面再讲。

刘徽给出的第三种方法是：

> 又一术：外关三而取一，则其余本米三分之二也。求外关所税之余，则当置一、二分乘之，三而一。欲知中关，以四乘之，五而一。欲知内关，以六乘之，七而一。凡余分者，乘其母、子：以三、五、七相乘，得一百五，为分母；二、四、六相乘，得四十八，为分子。约而言之，则是余米于本所持三十五分之十六也。于今有术，余米五斗为所有数，分母三十五为所求率，分子十六为所有率也。

刘徽此注的前半段是对《九章算术》本法的解释。后半段将其归结为今有术。

刘徽还将复比例问题化为今有术解决。比如：

> 今有取佣，负盐二斛，行一百里，与钱四十。今负盐一斛七斗三升少半升，行八十里。问：与钱几何？

《九章算术》的解法是：

> 术曰：置盐二斛升数，以一百里乘之，为法。以四十钱乘今负盐升数，又以八十里乘之，为实。实如法得一钱。

这就是：

$$与钱数 = (40\,钱 \times 173\frac{1}{3}\,升 \times 80\,里) \div (200\,升 \times 100\,里) = 27\frac{11}{15}\,钱$$

刘徽认为，"此术以负盐二斛升数乘所行一百里，得二万里，是为负盐一升行二万里，得钱四十。于今有术，为所有率"。这就是 $100\,里 \times 200 = 20000$ 里，为所有率。而"以今负盐升数乘所行里，今负盐一升凡所行里也。于今有术，以所有数"。第二个以训为。这是说，$173\frac{1}{3}$升×80 里为所有数。最后，"四十钱为所求率也"。

三、齐同原理

齐同原理也不是刘徽的首创，赵爽在《周髀算经注》中就用到过"齐同"，不过刘徽大大拓展了齐同原理的应用。

（一）齐同原理的意义

齐同原理源于分数的加、减和除法运算。刘徽说：

> 凡母互乘子谓之齐，群母相乘谓之同。同者，相与通同共一母也。齐者，子与母齐，势不可失本数也。

可见，刘徽在实际上把分数的分子、分母看成两个相与的量，因而可以看成率关系。这与现代数学理论中关于分数的定义惊人的一致。现代数学关于分数的定义是：

> 第一量与第二量两量之比是一个分数，分子表示第一量含公度的倍数，分母表示第二量含公度的倍数。[①]

因为分数的分母、分子是率关系，因此，关于分数的三种等量变换自然可以推广到率的运算中。实际上，这三种等量变换与率的性质是完全一致的，"细则俱细，粗则俱粗"，就是"乘以散之，约以聚之"。

对复杂的数学问题，往往不能直接归结为今有术，而要先"通彼此之否塞，因物成率"后，再"审辨名分，平其偏颇，齐其参差"，就是应用齐同原理，并最终归结为今有术或其他运算。

刘徽非常重视齐同术的作用，他说：

> 齐同之术要矣。错综度数，动之斯谐，其犹佩觿解结，无往而不理焉。

觿（xī），同觿，古代解结的用具。实际上，刘徽用率的思想和齐同原理阐释、论证了《九章算术》的大部分术文和问题的解法。刘徽进而说：

> 乘以散之，约以聚之，齐同以通之，此其算之纲纪乎。

这就是说,在刘徽看来,率借助于齐同术成为运算的纲纪。

(二)诸率悉通

前已指出,对《九章算术》均输章"青丝求络丝"问,刘徽注中给出了三种方法。其第一种方法是:

> 按:练丝一斤为青丝一斤十二铢,此练率三百八十四,青率三百九十六也。又,络丝一斤为练丝十二两,此为络率十六,练率十二也。置今有青丝一斤,以练率三百八十四乘之,为实。实如青丝率三百九十六而一。所得,青丝一斤,练丝之数也。又以络率十六乘之,所得为实,以练率十二为法。所得,即练丝用络丝之数也。是谓重今有也。

这是根据问题的条件求出练丝、青丝、络丝两两的率:

$$练率:青率=384:396, \quad 络率:练率=16:12$$

先应用今有术由青丝 1 斤求出练丝之数:

$$练丝数=青丝 1 斤×384÷396$$

再应用今有术由练丝数求出络丝数:

$$络丝数=练丝数×16÷12$$

这里应用了重今有术。

刘徽认为,也可以不用重今有术。这就是第二种方法,即诸率悉通法:

> 一曰:又置络丝一斤两数与练丝十二两,约之,络得四,练得三,此其相与之率。又置练丝一斤铢数与青丝一斤一十二铢,约之,练得三十二,青得三十三,亦其相与之率。齐其青丝、络丝,同其二练,络得一百二十八,青得九十九,练得九十六,即三率悉通矣。今有青丝一斤为所有数,络丝一百二十八为所求率,青丝九十九为所有率。为率之意犹此,但不先约诸率耳。

他先求出络丝与练丝的相与之率:

$$络:练=16:12=4:3$$

再求出练丝与青丝的相与之率:

$$练:青=384:396=32:33$$

然后,使两组率中的练丝率相同,为96;再使络丝、青丝的率与之相齐,分别化为128与99,则

$$络:练:青=128:96:99$$

"即三率悉通矣"。由青丝和络率128、青率99,直接应用今有术求解。刘徽又说:"言同其二练者,以明三率之相与通耳,于术无以异也。"

刘徽认为,这种三率通过齐同达到悉通的方法,可以推广到任意多个连锁比例的问题:

> 凡率错互不通者,皆积齐同用之。放此,虽四五转不异也。

在同一章"出米出三关""持金出五关"问就分别是三转、五转达到诸率悉通的例题。

(三)齐同有二术

同一问题,同哪个量,齐哪个量,可以灵活运用。刘徽认为,《九章算术》均输章凫雁、长安至齐、成瓦、矫矢、假田、程耕、五渠共池等问,尽管对象不同,却都是同工共作类问题。他在"五渠共池"问的注中说:"自凫雁至此,其为同齐有二术焉,可随率宜也。"以"凫雁"问为例:

> 今有凫起南海,七日至北海;雁起北海,九日至南海。今凫、雁俱起,
> 问:何日相逢?

《九章算术》的解法为:

> 术曰:并日数为法,日数相乘为实,实如法得一日。

此即:

$$日数=7×9÷(7+9)$$

刘徽注曰:

> 按:此术置凫七日一至,雁九日一至。齐其至,同其日,定六十三日凫
> 九至,雁七至。今凫、雁俱起而问相逢者,是为共至。并齐以除同,即得相
> 逢日。故并日数为法者,并齐之意;日数相乘为实者,犹以同为实也。一日:

兔飞日行七分至之一,雁飞日行九分至之一。齐而同之,兔飞定日行六十三分至之九,雁飞定日行六十三分至之七。是为南北海相去六十三分,兔日行九分,雁日行七分也。并兔、雁一日所行,以除南北相去,而得相逢日也。

刘徽注包含了两种齐同方式。

第一种是"齐其至,同其日":使兔、雁飞的时间相同,都飞 63 日,那么兔 9 至,雁 7 至。兔、雁同时起飞而问相逢的时间,是它们共同飞至,因此,将齐即 9 至和 7 至相加,以除同即 63 日,就得到相逢的时间。这是以齐同术对《九章算术》术文的直接论证。

第二种是同其距离之分,齐其日速:每一天兔飞全程的 $\frac{1}{7}$,雁飞全程的 $\frac{1}{9}$,"齐而同之",每一天兔飞全程的 $\frac{9}{63}$,雁飞全程的 $\frac{7}{63}$。这就是,南北海的距离六十三分,兔每日飞九分,雁每日飞七分。因此,将兔、雁每日所飞之分相加,以除南北海的距离,就得到相逢的时间。这种齐同的过程是:

$$日数 = 1 \div \left(\frac{1}{7} + \frac{1}{9} \right) = 1 \div \left(\frac{9}{63} + \frac{7}{63} \right) = \frac{63}{16} （日）$$

这两种齐同方式殊途同归,都是正确的方法。这些问题中没有直接用到率的概念,但是,由同一章"乘传委输"问的注中,很容易用率的概念理解这两种齐同方式。

"乘传委输"问是:

今有乘传委输,空车日行七十里,重车日行五十里。今载太仓粟输上林,五日三返。问:太仓去上林几何?

《九章算术》的解法是:

术曰:并空、重里数,以三返乘之,为法。令空、重相乘,又以五日乘之,为实。实如法得一里。

这就是:

$$里数 = (70 里 \times 50 里 \times 5 返) \div [(70 里 + 50 里) \times 3 返]$$

刘徽注曰：

　　率：一百七十五里之路，往返用六日也。于今有术，即五日为所有数，一百七十五里为所求率，六日为所有率。以此所得，则三返之路。今求一返，当以三约之，因令乘法而并除也。为术亦可各置空、重行一里用日之率，以为列衰，副并为法。以五日乘列衰为实。实如法，所得即各空、重行日数也。各以一日所行以乘，为凡日所行。三返约之，为上林去太仓之数。按：此术重往空返，一输再还道。置空行一里，七十分日之一，重行一里用五十分日之一。齐而同之，空、重行一里之路，往返用一百七十五分日之六。完言之者，一百七十五里之路，往返用六日。故并空、重者，并齐也；空、重相乘者，同其母也。于今有术，五日为所有数，一百七十五为所求率，六为所有率，以此所得，则三返之路。今求一返者，当以三约之。故令乘法而并除，亦当约之也。

刘徽此注包括三段。不考虑用衰分术求解的第二段，则有两条不同的思路。

第一条思路是：空车日行 70 里，重车日行 50 里，则行 70×50 里，空车用 50 日，重车用 70 日，因此 70×50 里一往返用 $(50+70)$ 日，即 175 里，往返用 6 日。将 5 日为所有数，175 里为所求率，6 日为所有率，用今有术便求出 3 返的里数。除以 3，即一返里数。其中行 70×50 里，空车用 50 日，重车用 70 日，是齐其日，同其里。显然，凫雁术刘徽注中的"齐其至，同其日"与此对应。

第二条思路是：由题设，空车行一里用 $\frac{1}{70}$ 日，重车行一里用 $\frac{1}{50}$ 日。"齐而同之"，空、重行一里之路，往返用 $\frac{6}{175}$ 日。显然，凫雁术刘徽注中的"同其距离之分，齐其日速"与此对应。用整数表示，175 里的路程，往返用 6 日，亦归结为今有术，求出 3 返的里数。第二条思路，与今归一问题相同。

总之，此术刘徽注中的两条不同的思路代表了两种齐同方式，对应于刘徽处理凫雁类问题的两种齐同方式。戴震等人不明白刘徽注中有"采其所见"者，也不明白刘徽自己也常对同一问题给出不同的方法，发现刘徽注中有不同的思路，便将第二种方法改成李淳风等注释[1]，当然是错误的。

由凫雁类问题与"乘传委输"问刘徽注中的两种齐同方式互相对应可以看出，凫雁类问题的刘徽注尽管没有使用率概念，却也是可以用率概念理解的。

(四)齐其假令，同其盈朒

对盈不足术中的"不足"，刘徽称为朒(nù)。此依大典本，杨辉本作"胐(fěi)"。李籍作《九章算术章义》时使用"朒"，又说"朒"或作"胐"。刘徽说：

> 盈、朒维乘两设者，欲为同齐之意。

也就是"齐其假令，同其盈朒"。若假令为 Ab，则盈 ab，若假令 Ba，则不足亦为 ab。刘徽认为这相当于 $a+b$ 次假令，共出 $Ab+Ba$，则既不盈亦不朒。故每次假令 $\dfrac{Ab+Ba}{a+b}$，即不盈不朒之正数。这就证明了《九章算术》方法的正确性。

总之，刘徽空前地拓展了率的应用，使之上升到理论的高度。

第二节　勾股相与之势不失本率原理及其应用

一、勾股相与之势不失本率原理

刘徽在勾股容方注第二段首先提出：

> 方在勾中，则方之两廉各自成小勾股，而其相与之势不失本率也。

这是相似勾股形的一个重要性质，用现今的术语，就是相似勾股形对应边成比例。设两个相似勾股形的边长分别是 a,b,c 和 a_1,b_1,c_1，则

$$a:b:c=a_1:b_1:c_1 \tag{3.1}$$

刘徽利用这一原理证明了《九章算术》中勾股容方、勾股容圆公式及重差术。

---

①九章算术，戴震校。《武英殿聚珍版丛书》御览本。见：郭书春主编《中国科学技术典籍通汇·数学卷》，第1册第159-160页。郑州：河南教育出版社，1993年。大象出版社，2002年，2015年。

二、证明勾股容方、勾股容圆公式

(一)勾股容方公式的证明

刘徽在勾股容方注中提出勾股相与之势不失本率的原理之后,接着说:

> 勾面之小勾、股,股面之小勾、股,各并为中率。令股为中率,并勾、股
> 为率。据见勾五步而今有之,得中方也。复令勾为中率,以并勾、股为率。
> 据见股十二步而今有之,则中方又可知。

刘徽认为,勾上的小勾股形与股上的勾股形都与原勾股形相似。考虑勾上的小勾股

形。设其小勾为 a_1,小股就是 d,则 $\dfrac{a}{b}=\dfrac{a_1}{d}$,并且 $a_1+d=a$。那么,由式(3.1),$\dfrac{a+b}{b}=$

$\dfrac{a_1+d}{d}=\dfrac{a}{d}$。容易得到式(2.19)。同样考虑股上小勾股形,亦可得到式(2.19)。

(二)合比

在证明勾股容方公式时,刘徽使用了合比定理,即若

$$\frac{a}{b}=\frac{a_1}{b_1}, \frac{b}{a}=\frac{b_2}{a_2}$$

则

$$\frac{a+b}{b}=\frac{a_1+b_1}{b_1}, \frac{b+a}{a}=\frac{b_2+a_2}{a_2}$$

(三)勾股容圆公式的证明

刘徽用勾股相与之势不失本率原理证明了式(2.20):

> 又画中弦以规除会,则勾、股之面中央小勾股弦。勾之小股,股之小勾
> 皆小方之面,皆圆径之半。其数故可衰之。以勾、股、弦为列衰,副并为法。
> 以勾乘未并者,各自为实。实如法而一,得勾面之小股,可知也。以股乘列
> 衰为实,则得股面之小勾可知。

规(kuī):通窥。规除会,观察它们施予会通的情形。刘徽过圆心作中弦,实际上是

平行于弦的直线。中弦与勾、股上的一段,及自圆心到勾、股的半径分别构成小勾股

形,它们都与原勾股形相似,且其周长分别是原勾股形的勾与股。如图 2.15(a)所

示。以勾上的小勾股形为例,设其三边为 a_1,b_1,c_1,显然 $a_1+b_1+c_1=a$,由式(3.1),

$a_1:b_1:c_1=a:b:c$,由衰分术,$b_1=\dfrac{ab}{a+b+c}$。因此容圆直径 $d=2b_1=\dfrac{2ab}{a+b+c}$。

这正是《九章算术》提出的公式(2.20)。以股上的小勾股形亦可得到同样的结果。

三、重差术

(一)对重表法的证明

刘徽说:凡望极高,测绝深而兼知其远者"必以重差为率"。可见,使用率的理论证明《重差》诸术是符合刘徽本意的。中国古典数学中使用平行线较少,但并不是没有,刘徽勾股容圆术注中的中弦就是平行于弦的线。钱宝琮在《中国数学史》中证明望海岛术的方法如下:如图 2.16 所示,假设自 D 却行至 K,使 $DK=BE$,相当于过 C 作 $CK /\!/ AE$,则 KF 为两却行之相多。连 CA,延长之,交 PQ 于 R,则 $RQ=AB$。显然,勾股形 APR 与 KCD 相似,因此 $\dfrac{PR}{CD}=\dfrac{RA}{DK}=\dfrac{PA}{CK}$;而三角形 PAC 与 CKF 相似,于是 $\dfrac{PA}{CK}=\dfrac{AC}{KF}$。因此 $\dfrac{PR}{CD}=\dfrac{AC}{KF}$,$\dfrac{RA}{DK}=\dfrac{AC}{KF}$。那么,$PR=\dfrac{AC\times CD}{KF}$,而 $RQ=CD$,于是

$$PQ=PR+RQ=\frac{AC\times CD}{KF}+CD$$

$$RA=\frac{AC\times DG}{KF}$$

这正是测海岛即测日的重差公式(2.21-1),(2.21-2)。

(二)制图六体与数学

刘徽所发展完善的率理论和重差术,促进了中国地图学的发展。刘徽的同代人裴秀(224—271)著《禹贡地域图》十八篇。其序言指出,汉代的《舆地》及《括地》诸杂图"各不设分率,又不考正准望,亦不备载名山大川。虽有粗形,皆不精审,不可依据。或荒外迂诞之言,不合事实,于义无取。"他在绘制十八篇地图时,提出并应用了著名的"制图六体":

制图之体有六焉。一曰分率,所以辨广轮之度也。二曰准望,所以正彼此之体也。三曰道里,所以定所由之数也。四曰高下,五曰方邪,六曰迂直,此六者各因地而制形,所以校夷险之故也。有图像而无分率,则无以审远近之差;有分率而无准望,虽得之于一隅,必失之于他方;有准望而无道里,则施于山海绝隔之地,不能以相通;有道里而无高下、方邪、迂直之校,则径路之数必与远近之实相违,失准望之正,故必此六者参而考之。然后远近之实定于分率,彼此之实定于道里,度数之实定于高下、方邪、迂直之算。故虽有峻山钜海之隔,绝域殊方之迥,登降诡曲之因,皆可得举而定者。准望之法既正,则曲直远近无所隐其形矣[①]。

分率就是现今地图绘制中的缩尺,显然需要使用率;准望就是对地理方位的测望;道里就是距离远近,一是道路的远近,二是直线距离,后者靠重差术才能解决;以高取下,以方取邪,以迂取直,都是解决复杂的地形的地图绘制中的问题。"制图六体"在明末清初之前一直被人们奉为圭臬。

不言而喻,裴秀"制图六体"中的每一项都离不开数学的测望与运算,他赖以建立制图理论的数学知识有两个明显的特点:一是以率的理论为基础,分率、准望、道里都离不开率理论。二是以重差术的发展完善为基础,他要解决峻山钜海之隔,绝域殊方之迥的测绘,没有重差术是不可能的。因此,制图六体不仅是制图学知识积累发展的产物,也是以包括《海岛算经》在内的以《九章算术注》为主体的数学知识的高度发展为基础的。同样,汉代地图不设分率,不考正准望,也正是与当时数学中关于率的理论与测望算法还处于初级阶段相适应的。

裴秀是魏晋重臣,刘徽是否直接参与裴秀"制图六体"的提出与《禹贡地域图》十八篇的测量绘制,我们没有可靠资料;但是,魏咸熙初(264)裴秀主持官制改革,因功被封为济川侯。济川侯国在当时高苑县济川墟,位于今山东省博兴县西南,与刘徽家乡邹平市相邻。裴秀与刘徽有交往也不是不可能的。

---

① [唐]欧阳询等辑:艺文类聚,卷六,第100-101页。上海:中华书局上海编辑所,1965年。

▎第三节 对方程术阐释与方程新术 ▎

现今的线性方程组在中国古代被称为方程。现今的方程在中国古代被称为开方。1859年,李善兰(1811—1882)与传教士伟烈亚力(A. Wylie,1815—1887)合译棣么甘(De Morgen,1806—1871)的《代数学》时,将 equation 译作"方程",开始改变了"方程"的含义。1934年,数学名词委员会确定用"方程(式)"表示 equation,用"线性方程组"表示中国古代的"方程"。1956年,科学出版社出版的《数学名词》去掉了"式"字,最终改变了"方程"的本义。《九章算术》在中国数学史也是世界数学史上首次提出了方程术即线性方程组的解法。这是一种用直除法即两行对减消元以求得一个未知数的值,再用类似于今之代入法的方法求其他未知数的值的方法。刘徽利用率的理论阐释了方程术的正确性并创造了方程新术。

一、令每行为率

(一)令每行为率

刘徽关于"方程"的定义说:

> 程,课程也。群物总杂,各列有数,总言其实。令每行为率,二物者再程,三物者三程,皆如物数程之,并列为行,故谓之方程。行之左右无所同存,且为有所据而言耳。

所谓"令每行为率",就是将每行看成一个整体,每行中的诸未知数的系数与常数项都有确定的顺序,就是说具有方向性。因而"令每行为率"与现今线性方程组理论中的行向量概念有某种类似之处。在方程的运算中,都是将一行看成一个整体进行运算。

为了说明两行相减不影响方程的解,刘徽提出了一条重要的原理:

> 举率以相减,不害余数之课也。

就是说,对方程进行整行之间的加减变换,不改变方程的解。这是直除法的理论基础,刘徽把它当作无须证明的公理使用。

(二)同行首,齐诸下

刘徽用齐同原理证明了方程术的正确性。刘徽既然将率的概念拓展到方程中,把方程的每行看成率,因而可以对整行施行"乘以散之,约以聚之",进而在诸行之间施行"齐同以通之",从而说明了常数(包括负数)与整行的乘除运算,以及两行之间加减运算不改变方程的解的根据。他说:

先令右行上禾乘中行,为齐同之意。为齐同者,谓中行直减右行也。

从简易虽不言齐同,以齐同之意观之,其义然矣。

这里的"齐"是使一行中其他各未知数系数及常数项与该行欲消去的未知数的系数相齐,而"同"是通过反复直减的运算,使该行欲消去的未知数的系数与减去的那行相应未知数的系数的总和相同。后来李淳风等在《张丘建算经注释》中用"同齐者,同行首,齐诸下"[①]概括之。

《九章算术》的直除法只是在第一次将某行消减成一个未知数和实的关系时使用,然后用类似于现在的代入法,将其他行化成一个未知数和实的关系。就是说,《九章算术》没有将直除法贯彻到底。刘徽则认为可以继续使用直除法,他说:"列此,以下禾之秉数乘两行,以直除,则下禾之位皆决矣。各以其余一位之秉除其下实。"就是说,在将某行消减成某禾数和实的关系之后,刘徽提出了用此行的下禾系数乘另外各行,再用直除法消去某禾的系数。

刘徽将完全使用直除法与《九章算术》的方法做了比较,接着说:

则计数矣,用算繁而不省。所以别为法,约也。然犹不如自用其旧,广异法也。

完全使用直除法比《九章算术》的方法具有更强的程序化,然而,它不如《九章算术》的方法减省。刘徽之所以提出新方法,是为了"广异法",教导读者从不同的角度考

---

① [北魏]张丘建:张丘建算经。郭书春点校。郭书春等点校:算经十书。沈阳:辽宁教育出版社,1998 年。繁体字修行本。台北:九章出版社,2001 年。

虑问题。

二、互乘相消法

刘徽在《九章算术》方程章"牛羊直金"问的注中创造了用互乘相消解方程的方法,与现今方法一致。其齐同之义比直除法更加明显。此问是:

今有牛五、羊二,直金十两;牛二、羊五,直金八两。问:牛、羊各直金几何?

设牛数为 x,羊数为 y,根据题意所列出的方程式:

$$5x+2y=10$$

$$2x+5y=8$$

《九章算术》用方程术求解。而刘徽说:

假令为同齐,头位为牛,当相乘。右行定:更置牛十、羊四,直金二十两;左行牛十、羊二十五,直金四十两。牛数等同,金多二十两者,羊差二十一使之然也。以少行减多行,则牛数尽,惟羊与直金之数见,可得而知也。

这是用右行牛的系数 5 乘左行,又用左行牛的系数 2 乘右行,得

$$10x+4y=20$$

$$10x+25y=40$$

以少行减多行,得 $21y=20$,于是 $y=\dfrac{20}{21}$。这就是互乘相消法。刘徽接着说:

以小推大,虽四、五行不异也。

就是说这是一种普遍方法。可是,刘徽的先进方法长期得不到人们的重视。直到近800 年后北宋的贾宪才重新使用互乘相消法,与直除法并用。1247 年,南宋数学家秦九韶著《数书九章》,才废止了直除法。

三、方程新术

刘徽在方程章"五雀六燕"问的注中还利用率的理论提出了"异术"。这个问题是:

今有五雀六燕，集称之衡，雀俱重，燕俱轻。一雀一燕交而处，衡适平。

并雀、燕重一斤。问：雀、燕一枚各重几何？

设雀重为 x，燕重为 y，根据题意所列出的方程式：

$$4x + y = 8$$

$$x + 5y = 8$$

刘徽注的第二段说：

　　按：此四雀一燕与一雀五燕其重等，是三雀四燕重相当。雀率重四，燕率重三也。诸再程之率皆可异术求也，即其数也。

就是说，在方程中以左行减右行，得 $4x - 3y = 0$。于是

$$x : y = 4 : 3 \quad 或 \quad y = \frac{3}{4}x$$

代入方程中的左行得 $x + 5 \times \frac{3}{4}x = 8$。于是 $x = 1\frac{13}{19}$，$y = 1\frac{5}{19}$，得到问题的答案。

所谓"异术"就是刘徽在方程章"麻麦"问的注中创造的方程新术。"麻麦"问是：

　　今有麻九斗、麦七斗、菽三斗、荅二斗、黍五斗，直钱一百四十；麻七斗、麦六斗、菽四斗、荅五斗、黍三斗，直钱一百二十八；麻三斗、麦五斗、菽七斗、荅六斗、黍四斗，直钱一百一十六；麻二斗、麦五斗、菽三斗、荅九斗、黍四斗，直钱一百一十二；麻一斗、麦三斗、菽二斗、荅八斗、黍五斗，直钱九十五。问：一斗直几何？

方程新术是：

　　方程新术曰：以正负术入之。令左、右相减，先去下实，又转去物位，则其求一行二物正、负相借者，是其相当之率。又令二物与他行互相去取，转其二物相借之数，即皆相当之率也。各据二物相当之率，对易其数，即各当之率也。更置成行及其下实，各以其物本率今有之，求其所同。并以为法。其当相并而行中正负杂者，同名相从，异名相消，余以为法。以下置为实。

实如法,即合所问也。一物各以本率今有之,即皆合所问也。率不通者,齐之。

　　其一术曰:置群物通率为列衰。更置成行群物之数,各以其率乘之,并,以为法。其当相并而行中正负杂者,同名相从,异名相消,余为法。以成行下实乘列衰,各自为实。实如法而一,即得。

方程新术的基本点是:通过方程的左右行相减,先消去诸行的实,即常数项;再消元,求出诸未知数的两两相当之率。对易其数,就得出诸未知数的两两相与之率,通过齐同,得出诸未知数的相与之率。然后用今有术或衰分术求解。

以方程新术解此题:

列出方程为

1	2	3	7	9		1	2	1	7	9
3	5	5	6	7		3	5	0	6	7
2	3	7	4	3	先减第三行	2	3	4	4	3
8	9	6	5	2		8	9	−3	5	2
5	4	4	3	5		5	4	0	3	5
95	112	116	128	140		95	112	4	128	140

第三行称为成行。各行互相消减,先消去除成行外其他行的实,再消去物位,使一行仅剩二物。求出菽五当荅三,荅六当黍五,麦三当菽四,麻四当麦七。这是诸物的相当之率。对易其数,得出:

　　麻:麦=7:4,麦:菽=4:3,菽:荅=3:5,荅:黍=5:6

则"率通矣"。若以 x, y, z, u, v 分别表示麻、麦、菽、荅、黍之价,则得出麻麦诸物通率:

$$x:y:z:u:v=7:4:3:5:6$$

然后,刘徽使用三种方法求诸物之价,前两种方法直接用今有术,第三种方法用衰分术。

　　①以方程新术本术求解。刘徽使用成行,它相当于

$$x+4z-3u=4$$

"求其同为麻之数"，则 $x+4\times\frac{3}{7}x-3\times\frac{5}{7}x=4$，那么，$x=7$。即麻价一斗 7 钱。然后，刘徽说："置麦率四、菽率三、荅率五、黍率六，皆以麻乘之，各自为实。以麻率七为法。所得即各为价。"利用诸物通率，由今有术求出麦、菽、荅、黍的一斗之价 $y=4$，$z=3,u=5,v=6$。这里需要使用正负数的四则运算。

②亦以方程新术本术求解。刘徽不使用成行，而使用方程中的任意一行。刘徽说：

> 亦可使置本行实与物同通之，各以本率今有之，求其本率所得。并，以为法。如此，即无正负之异矣，择异同而已。

由诸物通率，化成同一物的率。比如，以原方程的左行，它相当于

$$x+3y+2z+8u+5v=95$$

根据诸物通率，将它化成麻率：$x+3\times\frac{4}{7}x+2\times\frac{3}{7}x+8\times\frac{5}{7}x+5\times\frac{6}{7}x=95$。求出 $x=7$，再利用今有术求出 y,z,u,v。其中未用到正负数的运算。

③以衰分术求解。刘徽说：

> 又可以一术为之：置五行通率，为麻七、麦四、菽三、荅五、黍六以为列衰。成行麻一斗、菽四斗正，荅三斗负，各以其率乘之，讫，令同名相从，异名相消，余为法。又置下实乘列衰，所得各为实。此可以置约法，即不复乘列衰，各以列衰为价。

此借助于方程的成行，以诸物通率为列衰，利用衰分术求解。设下实为 M，列衰为 a_i，诸未知数的系数为 $A_i(i=1,2,3,\cdots,n)$。在一般情况下，是以下实乘某物之衰各自为实，成行中的系数乘列衰，相加减作为法，即由 $\dfrac{Ma_i}{\sum\limits_{j=1}^{n}A_ja_j}$ 得出诸物物价。然而此问由成行计算的法 $\sum\limits_{j=1}^{n}A_ja_j=1\times7+4\times3-3\times5=4$，恰巧与下实 4 相等，即可以利用约法。因此，不必以下实乘列衰，直接以列衰作为物价即可。

在实际问题中,由于求诸未知数的相与之率较复杂,方程新术并不见得比直除法简便。刘徽比较了"麻麦"问的两种方法,用旧术运算需 77 步,用新术运算需 124 步。由此可见,他探讨新术的目的在于要告诉人们这样一个道理:使用数学方法,解决数学问题,应像庖丁解牛那样,"游刃理间,故历久其刃如新。夫数,犹刃也。易简用之则动中庖丁之理"。因此,他反对"胶柱调瑟","徒按本术",主张"设动无方","和神爱刃",灵活运用数学方法。

四、不定问题

刘徽利用率的理论探讨了不定问题。上面谈到的勾股数组通解公式,实际上就是将勾股定理看成一个不定方程:

$$a^2 + b^2 = c^2$$

在《九章算术》方程章"五家共井"问的注中,刘徽首次以率的理论提出了不定问题。这个问题是:

> 今有五家共井,甲二绠不足,如乙一绠;乙三绠不足,以丙一绠;丙四绠不足,以丁一绠;丁五绠不足,以戊一绠;戊六绠不足,以甲一绠。如各得所不足一绠,皆逮。问:井深、绠长各几何?

其中"以"训如。这里有六个未知数,却只有五个方程。列出方程为:

$$
\begin{array}{ccccc}
1 & 0 & 0 & 0 & 2 \\
0 & 0 & 0 & 3 & 1 \\
0 & 0 & 4 & 1 & 0 \\
0 & 5 & 1 & 0 & 0 \\
6 & 0 & 0 & 0 & 0 \\
1 & 1 & 1 & 1 & 1 \\
\end{array}
$$

消元得:

0	0	0	0	721
0	0	0	721	0
0	0	721	0	0
0	721	0	0	0
721	0	0	0	0
76	129	148	191	265

《九章算术》遂以 721,265,191,148,129,76 作为解。刘徽认为这是不妥当的。

他说：

> 此率初如方程为之，名各一逮井。其后，法得七百二十一，实七十六，是为七百二十一绠而七十六逮井，并用逮之数。以法除实者，而戊一绠逮井之数定，逮七百二十一分之七十六。是故七百二十一为井深，七十六为戊绠之长，举率以言之。

刘徽认为，《九章算术》实际上只是给出了各家绠长及井深的率关系：

$$甲：乙：丙：丁：戊：井深 = 265：191：148：129：76：721$$

只要井深等于 $721n$，令 $n=1,2,3,\cdots$，都会得出各家符合问题的正整数解，《九章算术》以其最小的一组正整数解作为定解。因此，刘徽实际上已经认识到"五家共井"问是不定方程组。这是中国数学史上首次明确指出不定问题。

第四章

刘徽的无穷小分割和极限思想

　　刘徽在数学上最伟大的贡献,是不仅在中国数学史上,也是在世界数学史上首次将无穷小分割和极限思想引入数学证明。我们的看法与刘徽本人有所不同。刘徽大约最看重《重差》,他的《九章算术注序》用一半多的篇幅论述《重差》,而对无穷小分割和极限思想却只字未提。大约在刘徽看来,圆面积公式、阳马和鳖臑体积公式的证明,只是说明《九章算术》已有结论的正确性,而重差术则是《九章算术》所未有的,所谓"(张)苍等为术犹未足以博尽群数也"。相反,在我们看来,重差术固然为《九章算术》增添了新的内容,然而它完全属于初等数学的范畴;而刘徽的无穷小分割和极限思想却架起了通向微积分学的桥梁,至今仍熠熠闪光。

　　我们从割圆术、刘徽原理与多面体体积理论、截面积原理、极限思想在近似计算中的应用,以及与古希腊同类思想的比较等几个方面来阐述刘徽这方面的贡献。

▌第一节　割圆术▐

一、刘徽对圆面积公式的证明

　　《九章算术》方田章提出了圆面积公式:

　　　　半周半径相乘得积步。

此即

$$S = \frac{1}{2}Lr \qquad\qquad (4.1)$$

其中 S, L, r 分别是圆的面积、周长与半径。这个公式是正确的,然而,在刘徽之前,人们以圆内接正六边形的周长作为圆周长,以圆内接正十二边形的面积作为圆面积,利用出入相补原理,将圆内接正十二边形拼补成一个以正六边形周长的一半作为长,以圆半径作为宽的长方形,来推证公式(4.1)的。刘徽说此"合径率一而外周率三也",当然没有严格证明式(4.1)。

　　刘徽创造了著名的割圆术,严格证明了圆面积公式(4.1)。他说:

为图,以六觚之一面乘一弧半径,三之,得十二觚之幂。若又割之,次以十二觚之一面乘一弧之半径,六之,则得二十四觚之幂。割之弥细,所失弥少。割之又割,以至于不可割,则与圆周合体而无所失矣。觚面之外,犹有余径。以面乘余径,则幂出弧表。若夫觚之细者,与圆合体,则表无余径。表无余径,则幂不外出矣。以一面乘半径,觚而裁之,每辄自倍。故以半周乘半径而为圆幂。此以周、径,谓至然之数,非周三径一之率也。

这段文字包括三个互相衔接的步骤:

首先,刘徽从圆内接正六边形开始割圆,依次得到圆内接正 $6\times2,6\times2^2,\cdots$ 边形。设圆内接正 6×2^n 边形的面积为 S_n,则

$$S_n < S$$

而随着分割次数越来越多,$S-S_n$ 越来越小,如图 4.1(a)所示。分割到不可再割时,S_n 与 S 重合,即

$$\lim_{n\to\infty}S_n = S$$

其次,圆内接正 6×2^n 边形的每边和圆周之间有一段距离 r_n,称为余径。将正 6×2^n 边形的每边 a_n 乘余径 r_n,其总和是 $2(S_{n+1}-S_n)$。将它加到 S_n 上,如图4.1(b)所示,则有

$$S < S_n + 2(S_{n+1}-S_n)$$

然而当 n 无限大,6×2^n 边形与圆周合体时,则

$$\lim_{n\to\infty}r_n = 0$$

因此

$$\lim_{n\to\infty}[S_n + 2(S_{n+1}-S_n)] = S$$

这就证明了圆的上界序列与下界序列的极限都是圆面积。

最后,刘徽把与圆周合体的正多边形分割成无穷多个以圆心为顶点,以每边长为底的小等腰三角形,如图 4.1(c)所示。以圆半径乘这个多边形的边长得到的结果是每个小等腰三角形面积的 2 倍,所谓"觚而裁之,每辄自倍"。显然,所有这些小

等腰三角形的底边之和就是圆周长 l，并且所有这些小等腰三角形面积的总和，就是圆的面积 S。那么，圆半径乘圆周长，就是圆面积的 2 倍：

$$lr = 2S$$

反求出 S，就完成了式(4.1)的证明[①]。

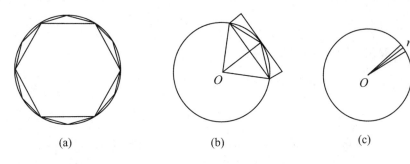

(a)   (b)   (c)

图 4.1 刘徽对圆面积公式的证明

显然，这个证明含有明显的极限过程和无穷小分割思想，还含有求无穷小分割所得到的元素总和的思想，与欧洲前微积分时期的面积元素法十分接近。

这段刘徽注是非常清晰、明确的，它是割圆术的核心。可是，从 20 世纪 10 年代到 20 世纪 70 年代长达 60 多年的时间里，尽管讨论刘徽割圆术的文章、著述是中国数学史研究中最多的，但在谈圆周率时讲极限过程，没有涉及圆面积公式的证明，并且，由于没有认识到刘徽的目的首先在于证明圆面积公式(4.1)，将刘徽求圆周率的程序也搞错了。甚至一篇逐字逐句翻译这段刘徽注的文章，对其中画龙点睛的几句话"以一面乘半径，觚而裁之，每辄自倍。故以半周乘半径而为圆幂"竟然略而不译[②]。实际上，刘徽的极限思想是为进行无穷小分割并最后证明圆面积公式(4.1)做准备的，而求圆周率是用不到极限过程的，它只是极限思想在近似计算中的应用。

二、圆周率

（一）刘徽前关于圆周率的探讨

《周髀算经》《九章算术》和秦汉数学简牍中与圆有关的面积、体积公式及其所属

①郭书春：刘徽的极限理论。第一届全国科学史大会论文(1980 年)。见《科学史集刊》第 11 集，第 38-39 页。北京：地质出版社，1984 年。收入《郭书春数学史自选集》上册。济南：山东科学技术出版社，2018 年。

②励乃骥.《九章算经》圆田题和刘徽注的今释。《数学教学》，1957 年第 6 期，第 1-11 页。

的例题中的周、径之比都是 3∶1，并且沿袭很久。求出精确的圆周率是许多学者世代奋斗的目标。刘歆(？—23)为王莽制造铜斛时，实际上使用的圆周率相当于 3.1547[①]。根据刘徽开立圆术注，东汉张衡(78—139)求出径率 1 而周率 $\sqrt{10}$。大约与刘徽同时代的吴国天文学家王蕃使用周率 142 而径率 45。可见他们都没有找到求圆周率的正确方法。

(二)刘徽首创求圆周率的科学程序

刘徽在用无穷小分割和极限思想证明了《九章算术》的圆面积公式(4.1)之后指出：

> 此以周径，谓至然之数，非周三径一之率也。周三者，从其六觚之环耳。以推圆规多少之觉，乃弓之与弦也。然世传此法，莫肯精核；学者踵古，习其谬失。不有明据，辩之斯难。凡物类形象，不圆则方。方圆之率诚著于近，则虽远可知也。由是言之，其用博矣。谨按图验，更造密率。恐空设法，数昧而难譬，故置诸检括，谨详其记注焉。

刘徽在中国数学史上第一次给出了求圆周率的科学方法。其方法是：取直径为 2 尺的圆，其内接正六边形的边长为 1 尺。从正六边形开始不断地割圆。割圆内接正六边形为正十二边形的方法是：

> 割六觚以为十二觚术曰：置圆径二尺，半之为一尺，即圆里觚之面也。令半径一尺为弦，半面五寸为勾，为之求股。以勾幂二十五寸减弦幂，余七十五寸，开方除之，下至秒、忽。又一退法，求其微数。微数无名知以为分子，以十为分母，约作五分忽之二。故得股八寸六分六厘二秒五忽五分忽之二。以减半径，余一寸三分三厘九毫七秒四忽五分忽之三，谓之小勾。觚之半面而又谓之小股。为之求弦。其幂二千六百七十九亿四千九百一十九万三千四百四十五忽，余分弃之。开方除之，即十二觚之一面也。

设圆内接正六边形的一边为 AA_1，取弧 AA_1 的中点 A_2，则 AA_2 就是圆内接正十二

边形的一边，OA_2 与 AA_1 交于 P_1，如图 4.2 所示。考虑勾股形 AOP_1，由勾股定理、开方术和开方不尽求微数的方法，股 $OP_1 = \sqrt{OA^2 - AP_1^2} = \sqrt{10^2 - 5^2} = 866025\frac{2}{5}$ 忽，

为边心距。余径 $P_1A_2 = OA_2 - OP_1 = 133974\frac{3}{5}$ 忽。再考虑勾股形 AP_1A_2，弦

$$AA_2 = \sqrt{P_1A_2^2 + AP_1^2} = \sqrt{267949193445}\ \text{忽}$$

为圆内接正十二边形之一边长。

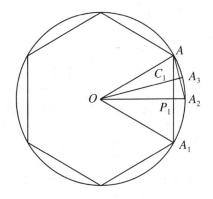

图 4.2 割六觚为十二觚

依照同样的程序，刘徽算出正十二边形的边心距、余径、…，正四十八边形的一边长、边心距、余径，以及正九十六边形的面积、一边长，正一百九十二边形的面积，见表 4.1。

表 4.1

割次	正多边形	边长（忽）	边心距（忽）	余径（忽）	面积（寸²）
0	六	1000000	$866025\frac{2}{5}$	$133974\frac{3}{5}$	
1	十二	$\sqrt{267949193445}$	$965925\frac{4}{5}$	$34074\frac{1}{5}$	
2	二十四	$\sqrt{68148349466}$	$991444\frac{4}{5}$	$8555\frac{1}{5}$	
3	四十八	130806	$997858\frac{9}{10}$	$2141\frac{1}{10}$	
4	九十六	65438			$S_4 = 313\frac{584}{625}$
5	一百九十二				$S_5 = 314\frac{64}{625}$

接着刘徽算出差幂

$$S_5 - S_4 = 314 \frac{64}{625} \text{寸}^2 - 313 \frac{584}{625} \text{寸}^2 = \frac{105}{625} \text{寸}^2$$

那么，$2(S_5 - S_4) = \frac{210}{625} \text{寸}^2$ 为正九十六边形各边长乘余径的总面积，于是

$$S_4 + 2(S_5 - S_4) = 313 \frac{584}{625} \text{寸}^2 + \frac{210}{625} \text{寸}^2 = 314 \frac{169}{625} \text{寸}^2 > S$$

因此

$$314 \frac{64}{625} \text{寸}^2 < S < 314 \frac{169}{625} \text{寸}^2$$

由于 S_5 和 $S_4 + 2(S_5 - S_4)$ 的整数部分都是 314 寸^2，刘徽便取 314 寸^2 作为圆面积的近似值。将圆面积的这个近似值代入《九章算术》的圆面积公式(4.1)，那么反求出圆周长就是

$$L \approx \frac{2S}{r} = \frac{2 \times 314 \text{寸}^2}{10 \text{寸}} = 6 \text{尺} 2 \text{寸} 8 \text{分}$$

将直径 $d = 2$ 尺与周长 $L \approx 6$ 尺 2 寸 8 分相约，周长得 157，直径得 50，这就是圆周长和直径的相与之率，即圆周率。用现今的符号，就是

$$\pi = \frac{157}{50} \tag{4.2}$$

(三)刘徽以徽率对《九章算术》的修正

刘徽将圆周率式(4.2)称为徽术，后来也被称为徽率。刘徽用这个值修正了《九章算术》中公式(4.1)所属的关于圆面积的 2 个例题。《九章算术》除了公式(4.1)外，还提出了三个圆面积公式。其中一个是由圆周长与直径求其面积：

$$S = \frac{1}{4} Ld$$

另外两个分别是

$$S = \frac{3}{4} d^2 \tag{4.3}$$

$$S = \frac{1}{12} L^2 \tag{4.4}$$

它们也以周三径一为率，因而是不准确的。刘徽又用徽率(4.2)将圆面积公式(4.3)

修正为

$$S = \frac{157}{200}d^2$$

将圆面积公式(4.4)修正为

$$S = \frac{25}{314}l^2$$

刘徽还以徽率式(4.2)修正了与圆有关的其他图形的面积、体积公式、开圆术及其例题。

(四)刘徽的第二圆周率$\frac{3927}{1250}$

刘徽指出,上述徽率式(4.2)中,"周率犹为微少也"。因此,他又求出正 1536 边形的一边长,算出正 3072 边形的面积,裁去微分。由圆面积公式(4.1)求出圆周长近似值为 6 尺 2 寸 8 $\frac{8}{25}$ 分,与直径 2 尺相约,周长得 3927,直径得 1250,为周长和直径的相与之率,此即

$$\pi = \frac{l}{d} = \frac{3927}{1250} \tag{4.5}$$

刘徽求得的圆周率值赶上了古希腊的阿基米德,而圆周率值式(4.5)则超越了阿基米德。刘徽奠定了此后中国在圆周率计算方面领先于世界数坛千余年的理论和数学方法的基础。数典不能忘祖,我们称颂祖冲之将圆周率精确到八位有效数字的杰出贡献,但不能忘记在中国首创正确的圆周率求法的刘徽。

由于没有认识到刘徽割圆术的主旨在于证明《九章算术》的圆面积公式(4.1),20 世纪 70 年代末以前,人们将刘徽求圆周率的程序也都弄错了[①]。人们用 $314\frac{64}{625} <$ $100\pi < 314\frac{169}{625}$ 取代不等式 $314\frac{64}{625}$ 寸$^2 < S < 314\frac{169}{625}$ 寸^2,并且说刘徽舍弃不等式两端

---

①郭书春:刘徽的面积理论。《辽宁师院学报》,1983 年第 1 期,第 85-96 页。收入《郭书春数学史自选集》上册。济南:山东科学技术出版社,2018 年。

的分数部分,即取 $100\pi = 314$,那么 $\pi = \dfrac{157}{50}$。这里不是使用圆面积公式(4.1),而使用了 $S = \pi r^2$,其中 $r = 10$ 寸。不言而喻,这种解释不符合刘徽的程序,而且还会把刘徽置于犯循环推理错误的境地。而实际上,刘徽从未犯过循环推理的错误[①]。刘徽不但没有用 $S = \pi r^2$ 求圆周率,恰恰相反,刘徽用他求出的 $\pi = \dfrac{157}{50}$ 修正了与 $S = \pi r^2$ 相当的《九章算术》的圆面积公式(4.3)。对刘徽割圆术的误解延续时间之长,涉及范围之广,是罕见的,直到 20 世纪 70 年代末才被纠正。

三、圆率和方率

刘徽在求圆周率的同时,还考虑了方中容圆即正方形与内切圆、圆中容方即圆与内接正方形的问题,如图 4.3 所示。在求出圆面积 $S \approx 314$ 寸^2 之后,刘徽说:

> 令径自乘为方幂四百寸,与圆幂相折,圆幂得一百五十七为率,方幂得二百为率。方幂二百,其中容圆幂一百五十七也。圆率犹为微少。按:弧田图令方中容圆、圆中容方,内方合外方之半。然则圆幂一百五十七,其中容方幂一百也。

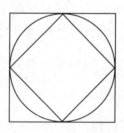

图 4.3 圆率与方率

刘徽将圆的外切正方形称为外方,设其面积为 $S_{外方}$;将圆的内接正方形称为内方,设其面积为 $S_{内方}$。刘徽是说:

$$S_{外方} : S : S_{内方} = 200 : 157 : 100$$

①郭书春:刘徽《九章算术注》中的定义及演绎逻辑试析。《自然科学史研究》。第 2 卷第 3 期(1983 年)。收入《郭书春数学史自选集》上册。济南:山东科学技术出版社,2018 年。

这个比例式在弧田术及修正与圆有关的面积、体积公式时特别有用。

同样,刘徽在求出圆面积 $S \approx 314\frac{4}{25}$ 寸^2 之后说:

> 置径自乘之方幂四百寸,令与圆幂通相约,圆幂三千九百二十七,方幂得五千,是为率。方幂五千中容圆幂三千九百二十七;圆幂三千九百二十七中容方幂二千五百也。

此即

$$S_{外方} : S : S_{内方} = 5000 : 3927 : 2500$$

四、求弧田密率

(一)《九章算术》弧田术之误

《九章算术》给出的求弧田即弓形面积的公式为

$$S = \frac{1}{2}(cv + v^2) \tag{4.6}$$

其中 S 为弧田面积,c 为弦,v 为矢,刘徽认为,式(4.6)不准确,并作了证明。他说:

> 方中之圆,圆里十二觚之幂,合外方之幂四分之三也。中方合外方之半,则朱青合外方四分之一也。弧田,半圆之幂也。故依半圆之体而为之术。以弦乘矢而半之则为黄幂,矢自乘而半之为二青幂。青、黄相连为弧体。弧体法当应规。今觚面不至外畔,失之于少矣。圆田旧术以周三径一为率,俱得十二觚之幂,亦失之于少也。与此相似,指验半圆之弧耳。若不满半圆者,益复疏阔。

如图4.4(b)所示,刘徽考虑圆心为 O 的半圆。作圆 O 的外切正方形 $MNPQ$,内接正方形 $ADGJ$,以及圆内接正十二边形 $ABCDEFGHIJKL$。将半圆作为弧田,其矢是半径 r,弦是直径 d。按照公式(4.6)计算其面积,得

$$S_{by} = \frac{1}{2}(dr + r^2)$$

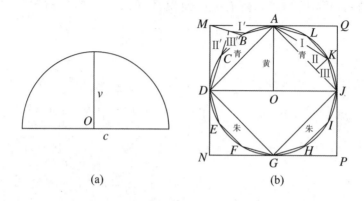

图 4.4　刘徽证明《九章算术》弧田术之不验

$\frac{1}{2}dr$ 是 $\triangle ADJ$ 的面积,称为黄幂。而 $\frac{1}{2}r^2$ 是勾股形 ADM 的面积。正十二边形 $ABCDEFGHIJKL$ 与内方 $ADGJ$ 之间的部分 $ABCD$、$JKLA$ 为两青幂,$DEFG$、$GHIJ$ 为两朱幂。将勾股形 ADM 中青幂之外的部分分割为 Ⅰ′、Ⅱ′、Ⅲ′,移到勾股形 AJQ 中的青幂上的 Ⅰ、Ⅱ、Ⅲ处,则勾股形 ADM 的面积等于两青幂的面积之和,也就是正十二边形 $ABCDEFGHIJKL$ 之半 $ABCDOJKL$ 与 $\triangle ADJ$ 之差。因此,$\frac{1}{2}(dr+r^2)$ 是半十二边形 $ABCDOJKL$ 的面积。它当然小于半圆的面积。可见,式(4.6)是不准确的。刘徽认为,弧田面积公式对半圆面积计算尚且如此不准确,对不是半圆的弧田,式(4.6)更不准确。

(二)刘徽的弧田密率

怎样才能求出弧田的精确面积呢? 刘徽说:

> 宜依勾股锯圆材之术,以弧弦为锯道长,以矢为勾深,而求其径。既知圆径,则弧可割分也。割之者,半弧田之弦以为股,其矢为勾。为之求弦,即小弧之弦也。以半小弧之弦为勾,半圆径为弦,为之求股,以减半径,其余即小弦之矢也。割之又割,使至极细。但举弦、矢相乘之数,则必近密率矣。

如图 4.5 所示,考虑弧田 AA_1B,其弦为 c,其矢为 v。则 $\triangle AA_1B$ 的面积为

$$S_0 = \frac{1}{2}cv$$

然后,刘徽采取不断地将弧平分,得到若干小弧田,依次求出它们的弦和矢。为此,

刘徽首先运用勾股章勾股锯圆材之术求出弧田所在圆的直径 $d = \dfrac{\dfrac{c^2}{2} + v^2}{v}$。将弧 AB

平分,得弧 AA_1,A_1B,分别对应小弧田 AA_2A_1、$A_1A_2'B$,求它们的小弦 $AA_1 = A_1B =$

c_1,及小矢 $A_2D_1 = A_2'D_1' = v_1$。由勾股形 AA_1D,得小弦 $c_1 = \sqrt{\left(\dfrac{c}{2}\right)^2 + v^2}$。又由勾

股形 AOD_1,得 $OD_1 = \sqrt{r^2 - \left(\dfrac{c_1}{2}\right)^2}$,于是小矢

$$v_1 = OA_2 - OD_1 = r - \sqrt{r^2 - \left(\dfrac{c_1}{2}\right)^2}$$

再将弧 AA_1,A_1B 平分,得到 4 个更小的小弧田,可以重复上述计算程序,求出它们

的弦 c_2,矢 v_2。如此继续下去,依次将弧分割为 $\dfrac{1}{2}$,$\dfrac{1}{2^2}$,$\dfrac{1}{2^3}$,$\cdots$,使其成为一串小弧田。

反复运用勾股定理,可以逐次求出这串弧田的弦、矢:c_1、v_1,c_2、v_2,c_3、v_3,$\cdots$,可以依

次求出小弧田所容的三角形的面积:$\dfrac{1}{2}c_1v_1$,$\dfrac{1}{2}c_2v_2$,$\dfrac{1}{2}c_3v_3$,$\cdots$。则 n 次分割后所得

的所有小弧田所容的三角形的面积之和为:

$$S_n = \sum_{i=0}^{n} 2^i \times \frac{1}{2}c_iv_i$$

其中 c_0,v_0 是原弧田的弦和矢。显然,分割的次数越多,S_n 就越接近弧田面积。这

就是刘徽所说的"但举弦、矢相乘之数,则必近密率矣"。从理论上说,可以无限地分

割下去,使 S_n 无限逼近弧田面积。但是,在实际计算中,不可能完成这个极限过程,

只能进行到有限步,所以也是极限思想在近似计算中的应用。

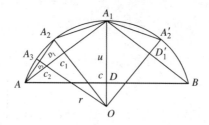

图 4.5 弧田密率

五、刘徽的面积理论系统

刘徽因为是给《九章算术》作注，所以没有改变其术文和题目的顺序。有的学者因此将刘徽与《九章算术》的系统混为一谈。但是，认真分析一下《九章算术注》，就会发现两者是不同的，尤以面积和体积推导系统的区别最为典型。这里先讲面积系统。《九章算术》面积问题的解决主要借助于"以盈补虚"，是出入相补原理的应用。从逻辑方法上说以归纳逻辑为主。刘徽的面积公式推导系统虽仍使用出入相补原理，却以极限思想和无穷小分割方法为核心，并且主要逻辑方法是演绎逻辑。逻辑方法的改变必然导致逻辑系统的改变。因此，刘徽的面积公式推导系统与《九章算术》有根本的区别。

（一）《九章算术》的面积推导系统

根据《九章算术注》的提示，在《九章算术》时代，人们对要求面积的圭田（三角形）、邪田和箕田（梯形）等直线形与圆田、弧田、环田等曲线形，进行分割，使用以盈补虚的方法，拼合成一个长方形，推求其面积公式。其中对于曲线形，先以一个近似的多边形取代后再进行分割，也就是说，用以盈补虚实际上是证明了相应的多边形的面积公式，并没有证明曲边形的面积公式。由这个多边形的面积公式正确得出要求面积的曲边形面积公式正确，这是一个归纳过程，而不是演绎过程。分割中会出现三角形，主要是勾股形，但是，它们只是原图形的分割和拼合新长方形的元件，并不需要先证明三角形的面积公式。《九章算术》的面积推导系统如图 4.6 所示。

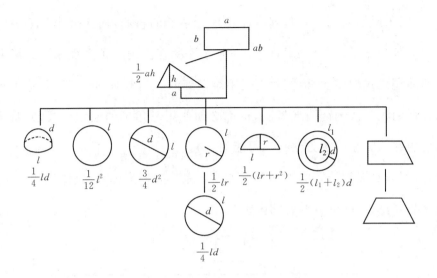

图 4.6　《九章算术》的面积推导系统

(二)刘徽的面积推导系统

刘徽的面积推导系统与《九章算术》时代的面积推导系统有根本的不同。它有几个明显的特点：

第一,对方田术即长方形的面积公式,刘徽未试图证明,而是给出了幂即面积的定义：

凡广从相乘谓之幂。

观察整个《九章算术注》,刘徽没有证明的术文凡 62 条,除了粟米章今有术所属的 31 问,衰分章衰分术、返衰术所属的 4 问,少广章少广术所属的 11 问凡 46 问的术文,因注解了总术而不再注解分术,以及粟米章 2 条经率术,衰分章的非衰分问题中的 8 问的术文,方程章三马上阪、诸色禾实、令吏食鸡、羊犬鸡兔价等 4 问的术文凡 14 条术文,因注解了同类的术文而不再注解,刘徽没有证明的只有方田术、方堢壔术 2 条术文。这显然不是刘徽的疏漏,而是将长方形、长方体的体积公式看成定义,是不必证明的。

第二,在刘徽的面积理论系统中,除了宛田外所有的面积公式都是被严格证明的,所使用的主要是演绎逻辑。

第三,三角形的面积公式是刘徽面积理论系统的核心,而无穷小分割方法则在其中起着关键的作用。在《九章算术注》中尽管没有使用三角形面积公式证明邪田和箕田的面积公式的文字,但实际上是不难做到的。刘徽对圆田、弧田,进而还有环田等曲线形面积公式的证明或解决,也都必须使用三角形的面积公式,并且不借助于极限思想和无穷小分割方法是不可能的。

总之,刘徽对面积问题的推导形成了一个完整的理论体系,大体如图 4.7 所示。将其与图 4.6 比较,即可见两者的区别。

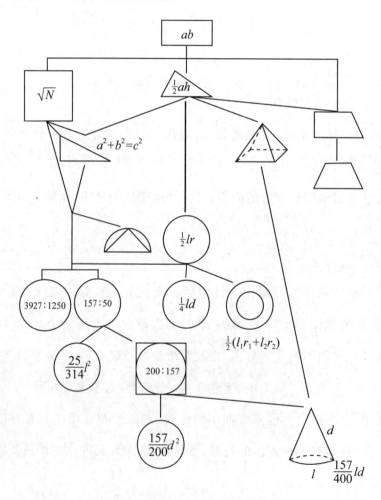

图 4.7　刘徽的面积理论体系

第二节 刘徽多面体体积理论的基础——刘徽原理

一、刘徽原理的证明

《九章算术》提出了阳马的体积公式：

$$V_y = \frac{1}{3}abh \tag{4.7}$$

鳖臑的体积公式：

$$V_b = \frac{1}{6}abh \tag{4.8}$$

其中 V_y, V_b, a, b, h 分别是阳马、鳖臑的体积与长、宽、高。刘徽在用棋验法对长、宽、高相等的阳马体积公式(4.7)、鳖臑的体积公式(4.8)进行推导之后指出：

> 其棋或修短，或广狭，立方不等者，亦割分以为六鳖臑，其形不悉相似，然见数同，积实均也。鳖臑殊形，阳马异体。然阳马异体，则不可纯合。不纯合，则难为之矣。何则？按：邪解方棋以为堑堵者，必当以半为分，邪解堑堵以为阳马者，亦必当以半为分，一从一横耳。

就是说，在 $a \neq b \neq h$ 的情况下，一个长方体分割出的 3 个阳马不全等，所分割出的 6 个鳖臑的形状也不同，因此用棋验法难以证明式(4.7)、式(4.8)。同样，用棋验法没有证明，实际上也难以证明一般情形的方亭、方锥、刍童、刍甍、羡除等多面体的体积公式。这说明，刘徽对棋验法的局限性是有充分认识的。因此，为了证明阳马、鳖臑的体积公式(4.7)、(4.8)，必须另辟蹊径。

刘徽为了解决一般情形的多面体体积问题，首先提出了一个重要原理：

> 邪解堑堵，其一为阳马，一为鳖臑。阳马居二，鳖臑居一，不易之率也。

这就是说，记阳马体积为 V_y，鳖臑体积为 V_b，在一个堑堵中，恒有

$$V_y : V_b = 2 : 1 \tag{4.9}$$

这就是吴文俊命名的著名的刘徽原理。显然，只要证明了刘徽原理，由堑堵的体积

公式

$$V_q = \frac{1}{2}abh \qquad\qquad (4.10)$$

则式(4.7)、式(4.8)是不言而喻的。

刘徽认为,当 $a=b=h$ 时,用棋验法可以证明式(4.9)成立。而当 $a\neq b\neq h$ 时,棋验法则无能为力,刘徽用无穷小分割方法和极限思想证明了它。他说:

> 设为阳马为分内,鳖臑为分外。棋虽或随修短广狭,犹有此分常率知,殊形异体,亦同也者,以此而已。其使鳖臑广、袤、高各二尺,用堑堵、鳖臑之棋各二,皆用赤棋。又使阳马之广、袤、高各二尺,用立方之棋一,堑堵、阳马之棋各二,皆用黑棋。棋之赤、黑接为堑堵,广、袤、高各二尺。于是中效其广、袤,又中分其高。令赤、黑堑堵各自适当一方,高一尺,方一尺,每二分鳖臑,则一阳马也。其余两端各积本体,合成一方焉。是为别种而方者率居三,通其体而方者率居一。虽方随棋改,而固有常然之势也。按:余数具而可知者有一、二分之别,即一、二之为率定矣。其于理也岂虚矣。若为数而穷之,置余广、袤、高之数各半之,则四分之三又可知也。半之弥少,其余弥细,至细曰微,微则无形,由是言之,安取余哉?

攽(bān),又音 bīn,分。可能受手头棋的限制,刘徽在这里仍然使用了 $a=b=h=1$ 尺的棋。可是,他说"虽方随棋改,而固有常然之势",可见这些论述完全适用于 $a\neq b\neq h$ 的一般情形。因此,我们按一般情形阐述。刘徽将由两个小堑堵Ⅱ′、Ⅲ′,两个小鳖臑Ⅳ′、Ⅴ′合成的鳖臑[图 4.8(a)]与由一个小长方体Ⅰ,两个小堑堵Ⅱ、Ⅲ,两个小阳马Ⅳ、Ⅴ合成的阳马[图 4.8(b)]拼合成一个堑堵,如图 4.8(c)所示,则相当于堑堵被三个互相垂直的平面平分。显然,小堑堵Ⅱ与Ⅱ′、Ⅲ与Ⅲ′可以分别拼合成与Ⅰ全等的小长方体,如图 4.8(e)、(f)所示。小阳马Ⅳ与小鳖臑Ⅳ′,小阳马

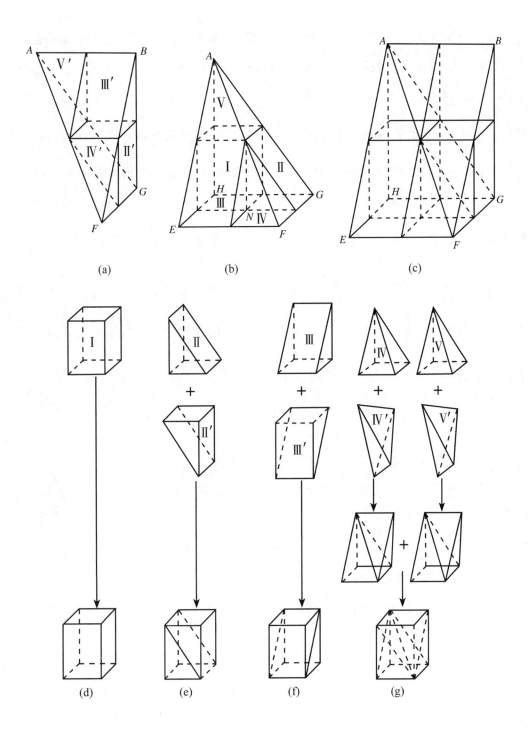

图 4.8 刘徽原理之证明

Ⅴ与小鳖臑Ⅴ′可以分别拼合成两个与小堑堵Ⅱ、Ⅲ、Ⅱ′、Ⅲ′全等的小堑堵[①]，它们又可以拼合成与Ⅰ全等的第4个小长方体，如图4.8(g)所示。显然，在前三个小长方体Ⅰ、Ⅱ－Ⅱ′、Ⅲ－Ⅲ′中，属于阳马的和属于鳖臑的体积的比是2∶1，即在原堑堵的$\frac{3}{4}$中式(4.9)成立，所谓"别种而方者率居三"。刘徽认为，如果能证明式(4.9)在第4个小长方体中成立，则式(4.9)便在整个堑堵中成立。而第4个小长方体中的两个小堑堵与原堑堵完全相似，所谓"通其体而方者率居一"。因此，上述分割过程完全可以继续在剩余的两个小堑堵中施行，那么又可以证明在其中的$\frac{3}{4}$中式(4.9)成立，在其中的$\frac{1}{4}$中尚未知。换言之，已经证明了原堑堵中的$\frac{3}{4}+\frac{1}{4}\times\frac{3}{4}$中式(4.9)成立，而在$\frac{1}{4}\times\frac{1}{4}$中尚未知。这个过程可以无限继续下去，第 n 次分割后只剩原堑堵的$\frac{1}{4^n}$中式(4.9)是否成立尚未知。而显然，

$$\lim_{n\to\infty}\frac{1}{4^n}=0$$

这就在整个堑堵中证明了式(4.9)，即刘徽原理成立[②]。

刘徽原理是刘徽多面体体积理论的基础。在完成刘徽原理的证明之后，刘徽说：

> 不有鳖臑，无以审阳马之数，不有阳马，无以知锥亭之类，功实之主也。

刘徽认为，鳖臑是刘徽解决多面体体积问题的关键。事实上，刘徽为求方锥、方亭、刍甍、刍童、羡除等多面体的体积，都要通过有限次分割，将其分割成长方体、堑堵、

---

① [丹麦]华道安(Wagner)认为是将Ⅱ与Ⅲ，Ⅱ′与Ⅲ′，Ⅳ与Ⅳ′，Ⅴ与Ⅴ′合在一起。见：D. B. Wagner, An Early Chinese Derivation of the Volume of a Pyramid: Liu Hui, Third Century A. D. *Historia Mathematica*, 1979, No. 6。但是显然，在 $a\neq b\neq h$ 的情况下，Ⅱ与Ⅲ，Ⅱ′与Ⅲ′无法拼合成长方体，Ⅳ与Ⅳ′，Ⅴ与Ⅴ′也无法拼合成堑堵。早在 20 世纪 30 年代，日本三上义夫便探讨了这个问题。他提出了两种可能性，一如本文所述，一如 Wagner 的拼法，而倾向于后者。见：三上义夫：关孝和の业绩と京坂の算家并に支那の算法との关系び比较。《东洋学报》，第二〇、二一、二二卷(1932—1935)。

② 郭书春：刘徽的体积理论。《科学史集刊》第 11 集，第 51-53 页。北京：地质出版社，1984 年。收入《郭书春数学史自选集》上册。济南：山东科学技术出版社，2018 年。

阳马、鳖臑等多面体,然后求其体积之和来解决多面体体积求解问题。关于这一点,我们将在下面详细说明。

刘徽将多面体体积问题的解决最后归结为鳖臑即四面体体积,而鳖臑体积的解决必须借助于无穷小分割,就是说,刘徽把多面体体积理论建立在无穷小分割基础上。这种思想符合现代的体积理论。高斯(Gauss,1777—1855)提出了多面体体积的解决不借助于无穷小分割是不可能的猜想。希尔伯特(Hilbert,1862—1943)以这个猜想为基础在1900年提出了《数学问题》[①]的第三问题。不久,他的学生德恩(Dehn,1878—1952)给出了肯定的答复[②]。

二、有限分割求和法——锥亭之类体积公式的证明

在证明了刘徽原理之后,也就是说,在刘徽解决了堑堵、阳马、鳖臑的体积问题之后,对方锥、方亭、刍甍、刍童、羡除等多面体,他都是将其分割为有限个长方体、堑堵、阳马、鳖臑,求其体积之和,以证明其体积公式,我们把这种方法称为有限分割求和法。

(一)方锥、方亭、刍甍、刍童

对方锥、方亭、刍甍、刍童等,刘徽借助于有限分割求和法提出了与《九章算术》等价的、新的体积公式。以刍童为例,刘徽说:

> 为术又可令上、下广、袤差相乘,以高乘之,三而一,亦四阳马;上、下广、袤互相乘,并而半之,以高乘之,即四面六堑堵与二立方;并之,为刍童积。

这是刘徽提出的与《九章算术》的公式等价的公式:

$$V=\frac{1}{3}(a_2-a_1)(b_2-b_1)h+\frac{1}{2}(a_2b_1+a_1b_2)h \tag{4.11}$$

①［德］David Hilbert(希尔伯特):*Mathematical Problems*:*Lecture Delivered Before the International Congress of Mathematicians at Paris in* 1990. 见：Bulletin of American Mathematical Society, vol.8, pp.437-479, Mary F. Winson 译自 *Göttinger Nachrichten*(1900), pp.253-297. 李文林、袁向东将其译为中文:《数学问题——在1900年巴黎国际数学家大会上的讲演》,《数学史译文集》,上海科学技术出版社,1981年。第60-84页。

②参见吴文俊:出入相补原理。自然科学史研究所主编:《中国古代科技成就》,第80-100页。北京:中国青年出版社,1978年。修订版,第79-97页,1995年。

公式的阐述过程,就是其证明过程:刘徽将刍童分解成四角 4 个阳马、四面 6 个堑堵和中央的 2 个立方,如图 4.9 所示。四角上 1 个阳马的体积为

$$\frac{1}{3}\times\frac{1}{2}(a_2-a_1)\times\frac{1}{2}(b_2-b_1)h=\frac{1}{4}\times\frac{1}{3}(a_2-a_1)(b_2-b_1)h$$

因此,四角上 4 个阳马的体积为

$$\frac{1}{3}(a_2-a_1)(b_2-b_1)h$$

这是公式(4.11)的第 1 项。

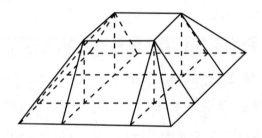

图 4.9　刍童的分割

两端 2 个堑堵的体积为

$$2\times\frac{1}{2}a_1\times\frac{1}{2}(b_2-b_1)h=\frac{1}{2}a_1(b_2-b_1)h$$

两旁 4 个堑堵的体积为

$$2\times\frac{1}{2}b_1\times\frac{1}{2}(a_2-a_1)h=\frac{1}{2}b_1(a_2-a_1)h$$

中央 2 个立方的体积为 a_1b_1h。于是中央 2 个立方与四面 6 个堑堵的体积之和为

$$\frac{1}{2}a_1(b_2-b_1)h+\frac{1}{2}b_1(a_2-a_1)h+a_1b_1h=\frac{1}{2}(a_2b_1+a_1b_2)h$$

这就是公式(4.11)的第 2 项[①]。

　　这种证明方式对任何刍童都是合适的,是一种真正的数学证明。不难看出,刍童的分解还有棋验法的痕迹,如分解成中央 2 个立方、两边 4 个堑堵是没有必要的,只要分解成中央 1 个长方体、两边 2 个堑堵就够了。

　　①杜石然:我国古代的体积计算。《数学通报》,1959 年 5 月。

刘徽又给出了刍童体积的另一种公式：

> 又可令上、下广、衰互相乘而半之，上、下广、衰又各自乘，并，以高乘之，三而一，即得也。

此即：

$$V=\frac{1}{3}\left[\frac{1}{2}(a_2b_1+a_1b_2)+(a_2b_2+a_1b_1)\right]h$$

(二)羡除的体积

《九章算术》给出了羡除的体积公式：

$$V=\frac{1}{6}(a+b+c)lh \qquad (4.12)$$

其中 a,b,c,l,h 分别是羡除的上宽、下宽、末宽、长与高。在证明《九章算术》给出的羡除体积公式(4.12)时，刘徽根据不同情况，分割出堑堵、阳马和各种形状的鳖臑。有的鳖臑与《九章算术》给出的形状相同，但是也有几种鳖臑是与《九章算术》给出的形状不同的四面体，刘徽也将它们叫作鳖臑。刘徽认识到，这类不同于《九章算术》的鳖臑是否能用《九章算术》提出的公式(4.8)求其体积，需要重新证明，而不可以直接引用。显然，要证明羡除的体积公式，必须先解决这些鳖臑的体积。

比如刘徽讨论了几种两广相等的羡除，他说：

> 凡堑堵上衰短者，连阳马也；下衰短者，与鳖臑连也；上、下两衰相等知，亦与鳖臑连也。并三广，以高、衰乘，六而一，皆其积也。今此羡除之广，即堑堵之衰也。

刘徽在这里给出了三种两广相等的羡除。一种是分割出的堑堵的上衰短于羡除上广，这里有羡除的

> 下广＜上广＝末广

与

> 末广＜上广＝下广

两种情形，实际上将一个羡除转置 $90°$，两者完全一致，都是由一堑堵与夹堑堵的两阳马构成，如图 4.10(a)、(b)所示；第二种是分割出的堑堵的下衰短于羡除下广，即

$$下广 > 上广 = 末广$$

的羡除,由一堑堵与夹堑堵的两鳖臑构成,如图 4.10(c)所示;第三种是分割出的堑堵的上下两袤与羡除的上下两广相等,即

$$下广 = 上广 < 末广$$

的羡除,由一堑堵与夹此堑堵的两鳖臑构成,如图 4.10(d)所示。这里的阳马、鳖臑和堑堵都是《九章算术》所给的形状,利用公式(4.7)、(4.8)、(4.10)求其各部分体积之和,容易求出它们的体积。这三种两广相等的羡除的体积实际上都是应用式(4.12)的特殊情形。

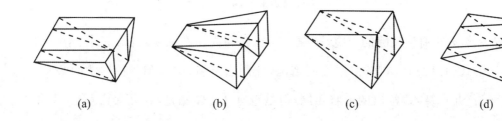

图 4.10 两广相等的羡除

对下广、末广相等的羡除,可以分解出一个堑堵及夹堑堵的两个鳖臑,如图 4.11(a)所示。然而这里的鳖臑不同于《九章算术》里鳖臑的形状,而是三棱互相垂直于一点的四面体,如图 4.11(b)所示。刘徽采用将其从方锥中分离出来,证明其体积公式仍是式(4.8),这在下面再作介绍。因此这种羡除的体积公式是 $V = \frac{1}{6}(a+2b)hl$,这是式(4.12)中 $b=c$ 的情形。

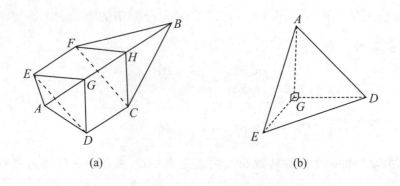

图 4.11 下广、末广相等之羡除的分割

对《九章算术》给出的三广不等的羡除,刘徽说:

> 此本是三广不等,即与鳖臑连者。别而言之:中央堑堵广六尺、高三
> 尺、袤七尺。末广之两旁,各一小鳖臑,皆与堑堵等。令小鳖臑居里,大鳖
> 臑居表。

如图 4.12 所示,记三广不等的羡除为 $ABCDEF$,它被分解成中间堑堵 $GHCDIJ$,两边各一个小鳖臑 $GDEI$、$HCFJ$,再向外两边各有一个大鳖臑 $AGDE$,$BHCF$。这两个大鳖臑的形状又不同于已经证明过体积公式的鳖臑:其底 AGD、BHC 是勾股形(由题设 $AG=BH=2$ 尺, $DG=CH=3$ 尺),高 EO,$O'F$ 为 7 尺,其垂足 O、O' 不在底面的顶点上,而分别在直角边 AG、BH 上。对这种大鳖臑,刘徽采用从一个椭方锥中将其分离出来的方法,并借助于截面积原理,证明"求其积,亦当六而一,合于常率矣",换言之,它的体积公式也是式(4.8)。即:

$$V_{db}=\frac{1}{6}AG\times DG\times IG$$

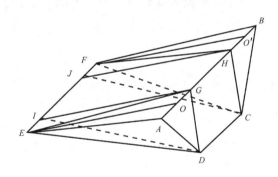

图 4.12 三广不等羡除之分割

这在后面再讲。那么,2 个大鳖臑 $AGDE$,$BHCF$ 的体积为

$$V_{2db}=\frac{1}{6}(AG+HB)\times DG\times IG$$

根据式(4.10),中间堑堵 $GHCDIJ$ 的体积为

$$V_q=\frac{1}{2}GH\times DG\times IG$$

根据式(4.8),两边 2 个小鳖臑 $GDEI$、$HCFJ$ 的体积为

$$V_{2xb} = \frac{1}{6}(EI + JF) \times DG \times IG$$

求以上三者之和便证明了式(4.12)：

$$V_y = V_q + V_{2xb} + V_{2db}$$

$$= \frac{1}{2}GH \times DG \times IG + \frac{1}{6}(EI + JF) \times DG \times IG + \frac{1}{6}(AG + HB) \times DG \times IG$$

$$= \frac{1}{6}(GH + IJ + CD) \times DG \times IG + \frac{1}{6}(EI + JF) \times DG \times IG +$$

$$\frac{1}{6}(AG + HB) \times DG \times IG$$

$$= \frac{1}{6}(AB + CD + EF) \times DG \times IG$$

三、分离方锥求鳖臑法

(一)分离方锥求鳖臑

刘徽将形如图 4.11(b)的鳖臑从方锥中分离出来的方法是：

> 合四阳马以为方锥。邪画方锥之底，亦令为中方。就中方削而上合，全为中方锥之半。于是阳马之棋悉中解矣。中锥离而为四鳖臑焉。故外锥之半亦为四鳖臑。虽背正异形，与常所谓鳖臑参不相似，实则同也。所云夹堑堵者，中锥之鳖臑也。

其中"半"，训片。刘徽取四个阳马 $AGEND, AGDPR, AGRQS, AGSME$，合成方锥 $AMNPQ$，如图 4.13 所示。

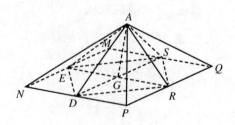

图 4.13　分离方锥求鳖臑

由《九章算术》给出的方锥体积公式

$$V = \frac{1}{3}abh \qquad (4.13)$$

该方锥体积为

$$V_{fz} = \frac{4}{3} \times DG \times EG \times AG$$

连结 $EDRS$，是一个中方。由中方削至顶点 A，把方锥 $AMNPQ$ 分成两部分，一部分为中锥 $AEDRS$。由公式(4.13)，其体积为

$$V_{zfz} = \frac{2}{3} \times DG \times EG \times AG$$

一部分为外面剩余的部分。这种分割方式使中锥成为四片。四个阳马也被中解。中锥分成的四片恰好就是我们所要求积的夹堑堵的鳖臑：$AGDE$，$AGRD$，$AGSR$，$AGES$。它们都全等。因此，每个鳖臑的体积是中锥体积的 $\frac{1}{4}$，即

$$V_b = \frac{1}{4} \times \frac{2}{3} \times DG \times EG \times AG = \frac{1}{6} \times DG \times EG \times AG$$

其中，AG 是鳖臑的高，DG，EG 分别是广、袤，与式(4.8)取同样的形式。

刘徽还由这种分离方锥求鳖臑法得到一个推论：由于方锥 $AMNPQ$ 割出中方锥 $AEDRS$ 之后剩余的部分又是四个全等的四面体：$ANDE$、$APRD$、$AQSR$、$AMES$，它们的高的垂足不在底面之内，而在底面之外直角顶以斜边为轴的对称点上，刘徽也称它们为鳖臑，并且其体积公式显然也与式(4.8)一致。所以刘徽得出这两种鳖臑"虽背正异形，与常所谓鳖臑参不相似，实则同也"，即都可以由式(4.8)求其体积的结论。

(二)分离椭方锥求大鳖臑

刘徽将大鳖臑从一个椭方锥中分解出来的方法是：

> 则大鳖臑皆出随方锥：下广二尺，袤六尺，高七尺。分取其半，则为袤三尺。以高、广乘之，三而一，即半锥之积也。邪解半锥得此两大鳖臑。求其积，亦当六而一，合于常率矣。

注文中的"随"，音义均通"椭"，此字在大典本的戴震辑录本中皆作"椭"。所谓椭方

锥就是底面为长方形的方锥。根据《九章算术》中题目的具体情形，刘徽设计了一个底广 2 尺、袤 6 尺、高 7 尺的椭方锥 ECDMN，如图 4.14 所示。以高 EO 所在的过 MN、CD 的中点 A、G 的平面 EAG 平分该椭方锥，成为两个半锥 ECGAN 和 EGD-MA，它们实际上是阳马，其体积都是椭方锥的一半，即

$$V_{bz} = \frac{1}{3}AG \times DG \times EO$$

再由两半锥的底面的对角线 AC、AD 与顶点 E 构成的平面 EAC、EAD 分解这两个半锥，得到四面体 AGCE、AGDE，它们就是所要求体积的两大鳖臑。刘徽认为，它们的体积各是半锥即阳马的一半，即

$$V_{db} = \frac{1}{6}AG \times DG \times EO$$

仍取式（4.8）的形式。这在下面再介绍。

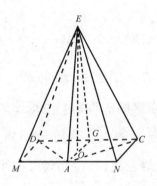

图 4.14　椭方锥分离大鳖臑

第三节　圆体体积与祖暅之原理

中国古代处理圆柱、圆锥、圆亭以及球等圆体体积，主要借助截面积原理，即祖暅之原理。截面积原理在《九章算术》和秦汉数学简牍时代就有其雏形，刘徽实际上已认识到其实质，祖暅之以简洁的语言概括了这一原理。

截面积原理是另一种形式的无穷小分割，它的完备形式通常称为祖暅之（一作祖暅）原理，西方称作卡瓦列里（Cavalieri，1598—1647）原理（17 世纪）。

一、《九章算术》的底面积原理

《九章算术》给出了若干圆体的体积公式,除了使用周三径一不准确外,都是正确的。实际上这些圆体体积公式是通过比较圆体与相应的方体的底面积得到的。其根据如下:

首先,在《九章算术》中,方堢壔与圆堢壔,方锥与圆锥,方亭与圆亭都是成对出现,而且在术文的形式上,后者都是前者加一个系数,也就是以后者的底面周长构造前者形状的一个方体,比较其底面积,由前者推导后者。

其次,刘徽在批评《九章算术》开立圆术使用球体积公式

$$V_球 = \frac{9}{16}d^3 \tag{4.14}$$

的错误时说:"为术者,盖依周三径一之率。令圆幂居方幂四分之三,圆囷居立方亦四分之三。更令圆囷为方率十二,为丸率九,丸居圆囷又四分之三也。置四分自乘得十六,三分自乘得九,故丸居立方十六分之九也。故以十六乘积,九而一,得立方之积。丸径与立方等,故开立方而除,得径也。"圆囷就是圆堢壔,即今之圆柱。设圆与其外切正方形的面积分别为 $S_圆$,$S_方$,圆柱与其外切正方体的体积分别为 $V_{圆柱}$ 和 $V_{正方体}$。刘徽认为,《九章算术》的推导过程是:因为 $S_圆 : S_方 = 3 : 4$,故 $V_{圆柱} : V_{正方体} = 3 : 4$,而

$$V_球 : V_{圆柱} = 3 : 4 \tag{4.15}$$

由于以 d 为边长的正方体体积是 $V_{正方体} = d^3$,故有式(4.14)。

刘徽指出:"然此意非也。"造成错误的关键在于推导中使用了错误的式(4.15)。式(4.15)错误的原因是只考虑了球与圆柱的一个截面,即大圆和大方的面积之比,如图 4.15(a)所示,而没有考虑两者任意截面的面积之比。实际上,只要不是球与圆柱的大圆和大方,其他任意截面上,式(4.15)都不成立,如图 4.15(b)所示。

我们认为,上述这个推导过程不是刘徽的杜撰,而是《九章算术》编纂时使用的方法。

另外,刘徽《九章算术注》记述的从方锥、方亭分别推导圆锥、圆亭的方法中以"周三径一之率"的部分,应该是《九章算术》成书时代的。比如对于《九章算术》的圆锥体积公式

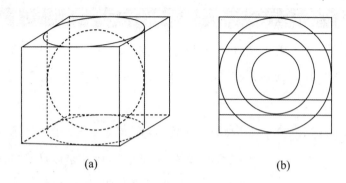

图 4.15　球与外切圆柱

$$V = \frac{1}{36} L^2 h \tag{4.16}$$

其中 V, L, h 分别为圆锥的体积、下底周长与高。刘徽说：

> 此术圆锥下周以为方锥下方。方锥下方今自乘，以高乘之，令三而一，
> 得大方锥之积。大锥方之积合十二圆矣。今求一圆，复合十二除之，故令
> 三乘十二得三十六，而连除。

这是以圆锥的底周长为底边长，构造一个同高的方锥，如图 4.16(a)所示，其体积为 $\frac{1}{3} l^2 h$。由于方锥的底面积是圆锥底面积的 12 倍，故圆锥体积是此方锥体积的 $\frac{1}{12}$，于是得到式(4.16)。

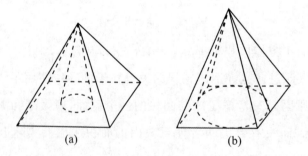

图 4.16　圆锥与方锥

刘徽委粟术注和圆亭术注的第一段也都是通过比较圆锥与方锥、圆亭与方亭的底面积推导圆锥、圆亭的体积公式。

二、刘徽求大鳖臑体积

（一）刘徽对截面积原理的认识

刘徽在求由羡除分割出来的大鳖臑的体积时，提出：

> 按：阳马之棋两邪，棋底方。当其方也，不问旁、角而割之，相半可知
> 也。推此上连无成不方，故方锥与阳马同实。角而割之者，相半之势。此
> 大、小鳖臑可知更相表里，但体有背正也。

"成"，训重，层。《周礼·秋官司寇》："将合诸侯，则令为坛三成。"郑玄注曰："三成，三重也。"刘徽在这里使用了一个重要原理：同底等高的方锥与阳马没有一层不是相等的方形，所以它们的体积才相等，如图 4.17 所示。这是十分明确的截面积原理，并且把立体看成由无数层平面一层层叠积而成的，类似于卡瓦列里的不割分量。

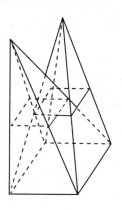

图 4.17 方锥与阳马同实

因此，刘徽常把立体体积称作积分，如圆亭术注说"三方亭之积分"，委粟术注说"三方锥之积分"。这里的积分当然不能等同于积分学中的积分，但其本质是相同的。实际上，点与线、线与面，都有类似于平面与立体的关系。刘徽认为，从正六边形开始割圆，终究会达到"不可割"的地步，实际上与圆周合体的正多边形的每边长已退化成点。也就是说，圆周的这条线是由无数个点积累而成的。所以，刘徽也称线为"积分"，如委粟注中说"径之积分"。

正因为有了这种认识，刘徽才能指出《九章算术》使用的球体积公式是错误的，才能设计出牟合方盖，指出最终解决球体积问题的正确途径。

总之，刘徽的大量论述表明，他已经完全掌握了截面积原理的本质，并且，刘徽不仅讨论了两者相等的情形，还讨论了两者呈率关系的情形。只是刘徽的这些论述

分散在不同术文的注中,没有用简洁的语言将其概括出来。

(二)大鳖臑的求积

上面谈到的大鳖臑的体积为什么可以由式(4.8)求得呢?刘徽借助于截面积原理回答了这个问题。在刘徽所说"上连无成不方"中,刘徽还提出一个命题:一个长方形,不管是用对角线分割,还是用对边中点的连线分割,其面积都被平分,如图4.18所示。这显然是正确的,可视为一个定理。刘徽进而提出一个推论:若一个立体,每一层都被一个平面所平分,则整个立体被该平面所平分。

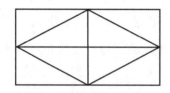

图 4.18 旁角而割之

有了这些准备,再回头看大鳖臑,它们是由半锥 $ECGAN$ 和 $EGDMA$ 分别被平面 EAC、EAD"角而割之"得到的,换言之,半锥 $ECGAN$ 和 $EGDMA$ 的体积分别被平面 EAC、EAD 所平分。因此,大鳖臑 $AGCE$、$AGDE$ 的体积都是半锥 $ECGAN$ 的一半,大鳖臑 $AGCE$ 就是 $BHCF$,即可归结到式(4.8)。

同时,自然又可以推出,半锥分割出大鳖臑之后,剩余的部分 $AMDE$ 和 $ANCE$ 仍然是鳖臑,其体积公式也是式(4.8)。

刘徽证明羡除体积公式的意义远远超出了羡除本身。刘徽把鳖臑看成解决多面体体积的关键。刘徽在这里提出的几种鳖臑的体积公式都可以归结到式(4.8),接近于提出式(4.8)是任一鳖臑的体积公式这一结论。同时,刘徽还创造了把鳖臑从体积为已知的方锥中分离出来的方法,为他的体积理论增添了新的"武器"。通过羡除体积的解决,说明刘徽有能力解决任何多面体体积问题。

三、刘徽设计的牟合方盖

前已指出,刘徽为解决球体积,设计了牟合方盖。他说:

取立方棋八枚，皆令立方一寸，积之为立方二寸。规之为圆囷，径二寸，高二寸。又复横因之，则其形有似牟合方盖矣。八棋皆似阳马，圆然也。按：合盖者，方率也；丸居其中，即圆率也。推此言之，谓夫圆囷为方率，岂不阙哉？

刘徽取两个相等的圆柱体使之正交，其公共部分称作牟合方盖，如图 4.19 所示。设牟合方盖的体积为 $V_{方盖}$，刘徽指出：

$$V_{球} : V_{方盖} = \pi : 4 \qquad\qquad (4.17)$$

由于 $V_{方盖} < V_{圆柱}$ 是不言而喻的，因而证明 $V_{球} : V_{圆柱} = \pi : 4$ 是错误的。刘徽认为，只要求出牟合方盖的体积，便可求出球的体积公式，从而指出了解决球体积的正确途径。

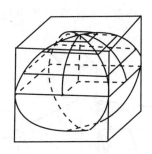

图 4.19 牟合方盖

刘徽经过努力未能求出牟合方盖的体积，他没有强为之说，而是坦诚地记下了自己的困惑：

观立方之内，合盖之外，虽衰杀（shài）有渐，而多少不掩。判合总结，方圆相缠，浓纤诡互，不可等正。欲陋形措意，惧失正理。敢不阙疑，以俟能言者。

这显示了一位真正科学家实事求是的高贵品质。两百年后，祖冲之父子彻底解决了这个问题。

四、刘徽的体积理论体系

(一)《九章算术》的体积推导系统

根据《九章算术注》的提示,在《九章算术》编纂和秦汉数学简牍时代,人们使用出入相补原理推导多面体的体积公式,主要有两种形式,一是以盈补虚,见于城、垣、堤、沟、堑、渠的体积公式的证明;二是棋验法,它只能用来推导可以分割或拼合成三品棋的方锥、方亭、阳马、鳖臑、羡除、刍童、刍甍等标准型多面体的体积公式,并不能证明一般的多面体的体积公式。从前者到后者,是一个归纳的过程,因而是不严格的。而且,在棋验法中,只使用长方体的体积公式,并不使用堑堵、阳马的体积公式,堑堵、阳马只是合并、分割的元件。对圆柱、圆锥、圆亭、球等圆体体积公式的解决,则主要比较它们与相应的多面体的底面积,由后者推导前者。显然,在《九章算术》的体积推导系统中,三品棋起着核心作用,所谓"说算者乃立棋三品,以效高深之积"。而方锥、方亭、阳马、鳖臑、刍童、刍甍等在其中处于同等的地位。《九章算术》的体积推导系统大体如图4.20所示。

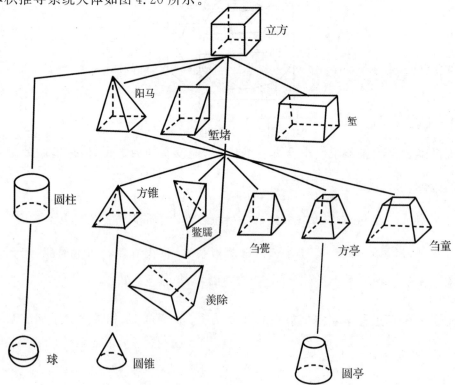

图 4.20 《九章算术》的体积推导系统

(二)刘徽的体积推导系统

在刘徽的体积理论中,首先值得注意的是,正如前面已经指出的,对长方体的体积公式没有证明,是当作定义使用的。

更重要的,极限思想和无穷小分割方法在刘徽的体积理论中起着关键作用。这里主要有两个方面。一方面是刘徽原理的证明。刘徽在用极限思想和无穷小分割方法完成刘徽原理的证明之后明确指出,鳖臑在刘徽的多面体体积理论中起着核心作用。其他的多面体都可以通过分割成有限个长方体、堑堵、阳马、鳖臑,求其体积之和来求出多面体体积。这与现代数学的多面体体积理论完全一致。刘徽解决了各种形状的鳖臑的求积公式,接近于提出任何形状的四面体都可以用《九章算术》的鳖臑体积公式(4.8)求体积。

另一方面是截面积原理及其应用。刘徽已经完全掌握了截面积原理,不仅借此求出了特殊形状的鳖臑的体积,而且成为他由方柱体、方锥、方亭证明圆柱体、圆锥、圆亭的体积公式,并指出由牟合方盖推导球体积的正确途径的依据。

就是说,刘徽将其体积理论建立在极限思想和无穷小分割方法之上,与19世纪末20世纪初高斯、希尔伯特等现代数学大师的思想不谋而合。

而且,刘徽对所有立体体积公式的推导,都是使用演绎推理,因而是真正的数学证明。

总之,刘徽的体积理论从长方体的体积公式出发,利用极限思想和无穷小分割方法,以鳖臑和阳马的体积公式为核心,以演绎逻辑为主要方法,形成了一个完整的理论体系,如图4.21所示。使用极限思想和无穷小分割方法的刘徽原理和截面积原理是这个理论体系的关键。

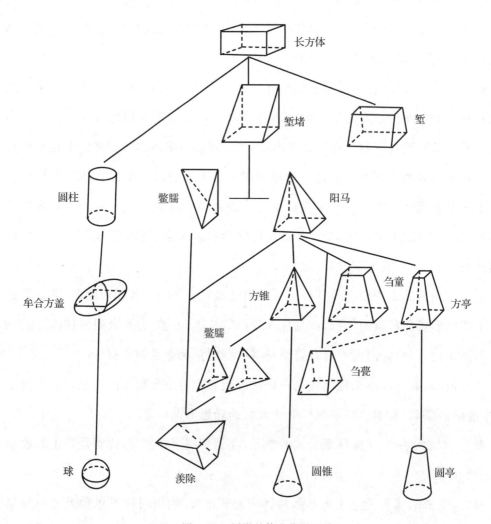

图 4.21 刘徽的体积推导系统

▍第四节 刘徽的极限思想在数学史上的地位 ▍

刘徽的无穷小分割和极限思想在中国和世界数学史上占有重要地位。

一、先秦诸子和刘徽的无穷小分割思想

刘徽的无穷小分割和极限思想不是无源之水。先秦墨家、名家、道家等诸子的著作中都或多或少地具有无穷小分割和极限思想。

古希腊学者亚里士多德（Aristotle，前 384—前 322）第一次提出了"实无限"与"潜无限"的区别。他认为"潜无限"是指"分割的过程永远不会告终"，并且认为"只有潜能上的无限"，"不会有现实的无限"。中国古代没有"实无限"与"潜无限"这类名称，却在实际上存在着这种分野。名家认为对棰的分割"万世不竭"，实际上它是一个潜无限小的命题。而墨家认为无限分割的最终结果会得到"不可斲"的"端"，道家认为会得到"不能分"的"无形"，实际上这些都是实无限小的命题。不过，不管是墨家、道家，还是名家，他们的命题都不是专门的数学命题，而是哲学命题，是为了说明他们的宇宙观和方法论。后来的贤哲都可以从这些光辉命题中得到启发，在不同的领域中作出贡献。即使在今天，数学家、物理学家、化学家等对这些命题，尤其是对墨家、名家两家的命题都有不同的理解。

刘徽在割圆术中说"割之又割，以至于不可割，则与圆周合体而无所失矣"，其"不可割"与墨的"不可斲"只有因时代迁延而造成的用语差别，其含义则是完全相同的，而与名家有明显地不同。刘徽割圆术中的"不可割"的思想与墨家的"不可斲"是一脉相承的。

在刘徽原理的证明的最后，刘徽指出："至细曰微，微则无形。由是言之，安取余哉？"这种论述显然源于道家"至精无形""无形者，数之所不能分"的思想。

刘徽在割圆术中和刘徽原理的证明中对无穷小分割的用语稍有不同，但是实际上二者是一致的。通过无限分割，前者是达到"以至于不可割，则与圆周合体而无所失矣"的境地，后者是达到"微则无形。由是言之，安取余哉"的目的。道家认为无形不能分，"不能分"实际上就是"不可斲"，"不可割"也就是"无形"。前者要做到"不可割"，得到与圆周重合的圆内接无穷多边形，以便对其进行无穷小分割，完成圆面积公式的证明；后者要做到"微则无形"，不能再分，因此通过这个无限过程，阳马与鳖臑拼合成的堑堵没有剩余部分可分了，从而完成刘徽原理的证明。不同的用语是极限过程和无穷小分割方法应用的对象不同所造成的。总之，刘徽的无穷小分割思想受墨家与道家的影响较大，而与名家的观念不同。

从直观和实际操作而言，墨家、道家和刘徽的"不可斲""不能分""不可割"更容易被人们所接受。先秦和秦汉,手工业者常常要将方形的物料加工成圆形器物,《庄子·天道》云:"是以行年七十而老斲轮。"司马迁《史记·酷吏列传》将其概括为"破觚为圜",他说:

> 汉兴,破觚而为圜,斫雕而为朴,网漏于吞舟之鱼,而吏治烝烝,不至于奸,黎民艾安。

用来比喻汉朝废止秦朝的严刑苛法。刘徽受到手工业工人破觚为圜的启示,以正多边形逼近圆并认为能达到与圆合体的地步,是在情理之中。若按照名家"万世不竭"的观点,手工业工人永远做不出圆。如果永远可割、可分,则刘徽不管怎么分割,圆内接无穷多边形永远不能与圆重合,就谈不到对与圆合体的正无穷多边形进行无穷小分割;同样,如果对阳马与鳖臑拼合成的堑堵无穷分割永远都是有形的,永远有剩余,就无法证明刘徽原理。

二、刘徽的极限和无穷小分割思想与古希腊同类思想的比较

一些科普作品常把古希腊的穷竭法看成借助于无穷小分割和极限思想证明数学命题的首次尝试。这是一个误解。诚然,古希腊数学大师阿基米德用穷竭法结合力学原理解决了许多后来人们用积分学才能解决的复杂的面积和体积的求积问题,是世界数学史上光辉的一页;而且欧洲文艺复兴之后,关于穷竭法思想的发掘、争论、改进和发展,促进了微积分学方法的诞生和极限思想的发展。然而,包括阿基米德在内的所有古希腊数学家在数学证明中都没有使用无穷小分割和极限思想。毕达哥拉斯(Pythagoras)学派(前6世纪)、原子论者德谟克利特(约前460—前370)都使用了无穷小思想。安提丰(Antiphon,前480—前411)在解决化圆为方的问题时,最先提出用边数不断加多的圆内接正多边形逼近圆,但是,他并没有把圆看成一个圆内接正多边形的序列的极限。后来,由于古希腊数学家无法解释芝诺(Zeno,约前490—约前425)悖论,便不得不把无穷排斥在推理之外。比如,圆内接多边形可以逼近圆,从理论上说,要多么逼近就多么逼近,可是永远不能成为圆,总还有一个剩余的量。正如微积分学史家波耶(Boyer)所指出的:"古希腊数学家从未像我们取极

限那样把上面讲过的步骤进行到无穷。"①他们根据阿基米德预备定理——阿基米德把它归功于欧多克斯（Eudxus，约前 408—前 355）——已知两个不为 0 的量，从较大的量减去大于其一半的量，再从余下的量中减去大于其一半的量，一直继续下去，总可以使余下的量小于已知的较小的量——在进行若干次分割之后，不是用极限思想，而是用双重归谬法，证明某一要求积的面积（或体积）既不能大于也不能小于某一数值，以解决求积问题。因此，不管是欧多克斯，还是阿基米德，都在极限思想的大门前裹足不前。可以说，17 世纪给阿基米德的方法以"穷竭法"命名，是名不符实的。可见，就无穷小分割和极限思想之清晰、明确并可以将其用于数学证明而言，刘徽虽是后来者，却远居于古希腊的数学家之上，他的无穷小分割和极限思想比古希腊数学家更接近微积分思想。

在欧洲，最先采用与刘徽类似的方法证明圆面积公式的是尼古拉斯（Nicholas，1401—1464）。据波耶说，尼古拉斯把圆定义为边数无限而边心距等于圆半径的正多边形，然后，将圆分割成无限多个小三角形，计算出边心距与周长的乘积，则其乘积的一半，就是圆面积。其分割、求和方式与刘徽相近，但用定义回避了刘徽的极限过程。这个方法后来被斯蒂菲尔（Stifel，1487—1567）、斯蒂文（Stevin，1548—1620）、开普勒（Kepler，1571—1630）等所接受，从而代替了古希腊的穷竭法，朝极限概念的形成方向迈进了一步。

---

① ［美］卡尔·B. 波耶：微积分概念史。上海：上海人民出版社，1977 年。

第五章

刘徽的逻辑思想和数学理论体系

关于中国古典数学的逻辑问题，学术界争论较大。对中国古代数学成就十分推崇的外国学者三上义夫、尤什凯维奇、李约瑟等都认为中国古代的数学成就只是经验的总结，没有推理，尤其是没有演绎推理，当然更没有证明。20世纪60年代初，钱宝琮、杜石然发表了《试论中国古代数学中的逻辑思想》[①]，指出："不论从概念、定义直到推理、证明等各方面，中国古代数学是有着自己的完整的逻辑系统的。"然而没有具体分析其中的定义、推理和证明。20世纪80年代初，郭书春[②]、逻辑大师沈有鼎的研究生巫寿康[③]分别研究了刘徽《九章算术注》中的逻辑问题，得出《九章算术注》主要使用了演绎逻辑的结论。后来，许多学者在不同程度上接受了这个观点。法国马若安指出："刘徽和其他数学文献包含着非欧几里得式的，然而同样被构造出来，并且是非常精确的推理。"[④]

第一节　刘徽使用的辞与理、类、故

刘徽注《九章算术》的宗旨是"析理以辞，解体用图"。其图已佚。"辞"是言辞、文字，"理"是古代的哲学术语，狭义地说，指事物的规律、法则和条理；广义地说，还应包括这些规律、法则的逻辑依据，即"故"，以及由"故"而来的推演过程，乃至规律、法则得以施行的依据，即"类"。刘徽所析之理指后者，实际上包括"理""类""故"三者。

先秦墨家对辞与理、类、故的关系做了精辟论述：

夫辞，以故生，以理长，以类行者也。三物必具，然后足以生[⑤]。

从而在中国首次建立了思维逻辑的体系。荀派儒学继承发展了墨家的理、类、故的

①钱宝琮、杜石然：试论中国古代数学中的逻辑思想。《光明日报》，1961年5月29日第2版。收入杜石然：《数学·历史·社会》，第354-360页。沈阳：辽宁教育出版社，2003年。

②郭书春：刘徽《九章算术注》中的定义及演绎逻辑试析。《自然科学史研究》。第2卷第3期（1983年）。收入《郭书春数学史自选集》上册。济南：山东科学技术出版社，2018年。

③巫寿康：刘徽《九章算术注》逻辑初探。《自然科学史研究》，第6卷（1987年）第1期，第20-27页。

④［法］J-C. Martzloff：*Histoire des mathématiques chinoise*（中算导论）。MASSON，Paris，1988.

⑤［清］孙诒让：墨子间诂。上海：上海书店，1991年。

逻辑思想,把有故、成理、推类看成正确立辞和辩论的基础。刘徽继承并发展了先秦的逻辑成果,在《九章算术注》中大量使用了理、类、故。

一、刘徽使用的理、类、故

（一）理

理是成故的实质。除了"析理以辞"中的"理"之外,刘徽其他地方所使用的"理"主要是指法则、规律,有的指数学的法则、公式。比如,刘徽在方程章正负术注谈到方程消元时说:"或令相减,或令相并,理无同异而一也";在"麻麦"问的注为方程新术写的前言中批评某些人"拙于精理,徒按本术者",指出灵活运用数学方法,"夫数,犹刃也,易简用之,则动中庖丁之理";在勾股章注说:圆三径一,方五斜七,"不正得尽理"。

刘徽有的"理"字指正确的推论法则和思维规律。例如,在少广章开立圆术注谈到自己无法求出牟合方盖的体积而寄希望于后学时说:"欲陋形措意,惧失正理。敢不阙疑,以俟能言者";在关于刘徽原理的证明中说:"按:余数具而可知者有一、二分之别,即一、二之为率定矣。其于理也岂虚矣。"

（二）类

刘徽使用的"类"比"理"多,成为他推理和判断的依据。他引用先哲的名言"方以类聚,物以群分",对数学概念和数学方法进行分类。

刘徽对许多数学概念进行分类,比如对数,他提出"数同类者无远,数异类者无近"的思想。刘徽将数分为整数和分数。"分言之",就是按照分数运算;"完言之",就是按照整数运算。分数又可以按照不同的分数单位分类。《九章算术》引入负数,数有不同的符号,刘徽称为异名。正数和负数就是不同类的数,所谓"其异名者,非其类也"。不同形状的图形,也可以看成不同的类,全等的图形是同类,不全等的图形就是异类,所以刘徽在应用出入相补原理时说"令出入相补,各从其类""朱、青各以其类""令颠倒相补,各以类合"。刘徽将立体图形分为圆体和多面体,将后者称为"锥亭之类"。

刘徽更多的是对数学方法,特别是对《九章算术》方法进行重新分类。比如,今有术、经率术、衰分术、返衰术、均输术等方法在《九章算术》中是并列的,刘徽认为返衰术和均输术从属于衰分术,经率术和衰分术及许多别的方法从属于今有术,因此,今有术是"都术",即普遍方法。

对《九章算术》抽象程度不高的卷三后半卷、卷六后半卷、卷九的解勾股形的问题,刘徽都着力找出某些问题之间的共同性和互相联系。如均输章第 20～26 问分别是凫雁、长安至齐、成瓦、矫矢、假田、程耕、五渠共池等不同对象的问题,刘徽指出它们的术文的共同性:成瓦之意"亦与凫雁同术","矫矢"问"同工共作,犹凫雁共至之类","假田"问"亦如凫雁术也","程耕"问"犹凫雁术也",五渠共池"犹矫矢之术也"。最后刘徽总结道:"自凫雁至此,其为同齐有二术焉,可随率宜也。"勾股章引葭赴岸、系索、倚木于垣、圆材求径、开门去阃等问题都有不同的应用对象,其术文也都是计算细草,刘徽将它们都归结为已知勾与股弦差求股、弦的问题。刘徽说:"引而索尽、开门去阃者,勾及股弦差同一术","倚木于垣"问"为术之意与系索问同也"。刘徽认为"竹高折地"问是已知勾与股弦并求股、弦的问题,因此,"此术与系索之类更相反覆也",指出了两者的对称性,等等。

刘徽通过寻求各种数学概念、数学方法之间的内在联系,发现数学知识就像一株枝叶繁茂的大树。他说:

　　　　事类相推,各有攸归。故枝条虽分而同本干知,发其一端而已。

事实上,数学在刘徽的头脑中形成了各个分支互相联系且"发其一端"而又"约而能周,通而不黩"的完整体系。这在下面还要介绍。

(三)故

"故"是形成一类事物的根据,是立论的根据和理由。墨家和荀派儒学在逻辑论证中都重视"明故"。刘徽的《九章算术注》中大量使用"故"字,据初步统计,达 219 个。其中绝大多数是训"是以""理由""原因"等带有逻辑意义的,达 208 个,占94.98%;其中直接用于数学定义、推理的有 192 个,占 87.67%。此外有训"旧"的有

3 个,其他意义的有 8 个①。带有逻辑意义的"故"字比重之大,足可与《墨子》媲美,远远超过其他典籍②。

刘徽使用的"故"字,有一部分用于数学概念的定义,即在对某概念给出定义后说"故曰某某",如"故曰重差""故曰定法""故以名(鳖臑)云""故曰方程",等等。

刘徽最大量的"故"字用于推理,这就是刘徽说的"析理以辞",即用"辞"将类、故、理连接起来,这就是"推"。刘徽多次用到"推",比如"事类相推""以术推之""以小推大""法、实相推""法、实数相推求之术",等等。这里有三种逻辑过程:第一种是类比,如举一反三;第二种是以类求故,由故成理,即通常所说的归纳,这是从个别推一般;第三种是明故以求理,由理知类,即通常所说的演绎。后两种是相反的逻辑过程。

本节先介绍刘徽的数学定义与类比、归纳推理,至于演绎推理与数学证明在后面再介绍。

二、刘徽的数学定义

刘徽继承了墨家给数学概念作出定义的思想,改变了《九章算术》约定俗成的做法,给许多数学概念以明确的定义。这在中国数学史上也是一个创举。

刘徽的数学定义多数是发生性定义,即定义本身说明了所定义的对象发生的由来。比如:"凡数相与者谓之率""等除法、实,相与率也""今两算得失相反,要令正负以名之"等。刘徽关于面积、体积的发生性定义特别多。如"凡广、从相乘谓之幂""邪解立方得两堑堵""正斩方亭两边,合之即刍甍之形也""阳马之形,方锥一隅也",等等。刘徽的发生性定义最妙的是关于"方程"的定义,它描述了建立方程的方法,同时也就掌握了方程的定义。刘徽正是因为有明确的方程定义,才发现"五家共井"问是一个不定方程问题。

刘徽的定义有几个共同的特点。第一,被定义的概念与定义的概念的外延相

①郭书春:《古代世界数学泰斗刘徽》再修订本。济南:山东科学技术出版社,2018 年,2024 年。
②据侯外庐等《中国思想通史》第三卷统计,"故"字在《论语》中出现 12 次,训"旧"者 5 个,接近 42%。《墨子》前期著作 29 篇,有"故"字 340 个,训"是以""原因"者达 335 个,占 98.53%。

同。如正负数与"两算得失相反"，幂与"广、从相乘"，率与"数之相与"，方程与"各列有数，总言其实""每行为率""皆如物数程之""并列为行"，等等，其外延都相同，既没有犯外延过大的错误，也没有犯外延过小的错误。换言之，这些定义都是相称的。

第二，刘徽的定义中，定义项中没有包含被定义项，定义项中的概念都是已知的，没有犯循环定义的错误。这在文献注疏中以互训为重要方法的古代，对于一部不是按照自己的体系，而是给已有的著作作注的著作来说，尤为难能可贵。

第三，刘徽的定义都没有使用否定的表述，没有使用比喻或者含混不清的概念，并且简明清晰。

总之，刘徽的定义基本上符合现代数学和逻辑学中关于定义的要求。

还应指出，刘徽的定义一经作出，一般说来，便在定义的意义上使用这个概念，进行推理、证明。也就是说，他在"析理"中，基本上遵循着同一律的要求。

应当指出，在"立幂"概念的使用上有混乱之处。"立幂"在《九章算术注》中凡四见：少广章开立圆术注云"开平幂者，方百之面十；开立幂者，方千之面十"，立幂与平幂对应，指立体体积；商功章城、垣、堤、沟、堑、渠术注云，中平之广，"以高若深乘之，得一头之立幂"；穿地求广术注云"深、袤相乘者，为深袤立幂。以深袤立幂除积，即坑广。"立幂都指直立的面积。这大约是"采其所见"，加工不够所致。

三、刘徽的类比与归纳推理

（一）类比

举一反三，触类而长，是中国传统的类比方法。刘徽《九章算术注》大量使用这些类比方法。他通过对《九章算术》术文和题目的深入研究，发现大部分方法和题目，尽管有不同的应用对象，但是，它们的数量关系中都具有反映其本质属性的率关系，便提出：

> 凡九数以为篇名，可以广施诸率，所谓告往而知来，举一隅而三隅反者也。

就是说，通过举一反三的方法，可以将率的应用拓展到《九章算术》大部分术文和题目的解法。特别地,《九章算术》的许多术文和题目的解法,如果能找出其中各种数量关系的率关系,施以齐同原理,都可以归结为今有术:

> 诚能分诡数之纷杂,通彼此之否塞,因物成率,申辩名分,平其偏颇,齐其参差,则终无不归于此术也。

刘徽通过举一反三、触类而长等类比方法,将今有术上升为统领其他术文的"都术",并大大扩充了率的应用范围,使其借助于齐同原理,成为数学运算的纲纪。

刘徽在为方程新术写的前言中说:

> 其拙于精理徒按本术者,或用算而布毡,方好烦而喜误,曾不知其非,反欲以多为贵。故其算也,莫不暗于设通而专于一端。至于此类,苟务其成,然或失之,不可谓要约。更有异术者,庖丁解牛,游刃理间,故能历久其刃如新。夫数,犹刃也,易简用之则动中庖丁之理,故能和神爱刃,速而寡尤。凡九章为大事,按法皆不尽一百算也。虽布算不多,然足以算多。世人多以方程为难,或尽布算之象在缀正负而已,未暇以论其设动无方,斯胶柱调瑟之类。聊复恢演,为作新术,著之于此,将亦启导疑意。网罗道精,岂传之空言?记其施用之例,著策之数,每举一隅焉。

刘徽以庖丁解牛类比数学家解决数学问题,以庖丁解牛的刀刃类比数学方法,认为深刻地理解数学方法的原理,犹如庖丁了解牛的膝理,灵活运用数学方法犹如庖丁的刀刃在牛的膝理间剔割。因此,对数学方法易简用之,就会像庖丁解牛那样,既迅速又不出错误。接着,刘徽又以鼓瑟者将弦柱黏住,无法调节音律的高低类比数学中不懂数理,不知变通,生搬硬套原来方法的做法。最后,刘徽指出,他创造方程新术,只是说明这些道理的一个例子。他认为,著书立说,讨论数学方法及其应用,只需"举其一隅",不必面面俱到。

(二)归纳推理

前已讲过,《九章算术》实际上以归纳论证为主。刘徽的《九章算术注》继承了这一传统,大量使用归纳推理以拓展数学知识。均输章络丝术注在论述了通过齐同原理,齐其青丝、络丝之率,同其练率,使"三率悉通",然后说:

> 凡率错互不通者，皆积齐同用之。放此，虽四五行不异也。

就是说，三率悉通的方法，可以推广到任意多组率关系的情形。

在方程章"牛羊直金"问的注中，刘徽创造了互乘相消法。此问是一个二行方程，刘徽认为，互乘相消法可以推广到任意多行的方程：

> 以小推大，虽四五行不异也。

刘徽常常从个别的例子，抓住其本质，推出一般性原理和普遍方法。

约以聚之，乘以散之，齐同以通之这三种等量变换本来是在分数理论中提出来的，刘徽将其拓展到率的理论中，成为率的三种等量变换，实际上也应用了归纳推理。前已讲过，刘徽将分数的分子和分母看成一组率关系。既然分数有这三种等量变换，那么率也具有这三种等量变换，完全符合归纳论证的公式：

论题　　S（率）具有 P（三种等量变换），

论据　　A（分子和分母）具有 P（三种等量变换），

　　　　　而 A（分子和分母）是 S（率）。

故　　　S（率）具有 P（三种等量变换）。

率具有了这三种等量变换，如虎添翼，在数学运算中发挥了关键作用，成为运算的纲纪。

当然，由于类比和归纳的结论超出了前提的范围，因此其结论是或然性的，不具备必然性。这就是说，用类比和归纳得出的结论，可能正确，也可能不正确。刘徽所使用的类比和归纳，由于其论据与论题之间有着必然的联系，因而结论都是真实的。

刘徽对归纳推理不能得出必然性的结论有着清醒的认识。《九章算术》和秦汉数学简牍所使用的棋验法是由一种非常特殊的多面体推出一般多面体的体积公式，属于归纳论证。刘徽认识到，这种论证方式不具备必然性。《九章算术》是用三个阳马棋或六个鳖臑棋合成一个正方棋，来推证阳马和鳖臑的体积公式的。而对其长、宽、高不等的情形，刘徽指出：

> 鳖臑殊形，阳马异体。然阳马异体，则不可纯合。不纯合，则难为
>
> 之矣。

换言之,刘徽明确认识到,用棋验法是无法真正证明阳马和鳖臑的体积公式的。

第二节 刘徽的演绎推理

关于中国古典数学没有理论的问题,主要是指它没有演绎推理。因为,类比和归纳固然在数学知识的创造、发现中占有重要地位,但是,众所周知,要证明数学命题为真,必须依靠演绎推理。那些认为中国古典数学没有演绎推理的学者,或者是没有读过刘徽的《九章算术注》,或者是没有读懂。因为只要读懂了刘徽的《九章算术注》,就会发现刘徽在数学命题的证明中主要使用了演绎推理。有人认为中国古典数学的特点是直观的、非逻辑性的。这是对《九章算术》的高深数学知识及刘徽的演绎逻辑视而不见,以管窥豹,以一些简单的靠直观可以得到的那些数学知识代替整个中国古典数学。事实上,认真考察刘徽的《九章算术注》就会发现,其中有三段论、关系推理、假言推理、选言推理、联言推理、二难推理等演绎逻辑的最重要的推理形式,还有数学归纳法的雏形。

一、三段论和关系推理

(一)三段论

三段论是演绎推理的性质判断推理中极其重要的一种,它由三个性质判断组成,其中两个是前提,第三个是结论。许多学者认为中国古典数学根本没有三段论。实际上,三段论不是某些民族或学派的专利,刘徽注的许多推理就是典型的三段论。试举几例:

例 1 刘徽在盈不足术说:

注云若两设有分者,齐其子,同其母。此问两设俱见零分,故齐其子,
同其母。

其推理形式是:若两设有分数者(M),须齐其分子,同其分母(P)。此问(S)两设俱有分数(M),故此问须齐其分子,同其分母(P)。其中含有三个概念:两设俱有分数

(中项 M)，齐其分子，同其分母(大项 P)，此问(小项 S)。就是说：

> 大前提　　　$M{\to}P$　　　(A)
>
> 小前提　　　$S{\to}M$　　　(A)
>
> 结　论　　　$S{\to}P$　　　(A)

中项在大前提中周延，结论中概念的外延与它们在前提中的外延相同。还有，大前提是全称肯定判断，小前提是单称肯定判断，结论是单称肯定判断。可见，这个推理完全符合三段论的规则，是其第一格的 AAA 式。

　　例 2　刘徽在证明方程术的直除法，即一行与另一行对减不改变方程的解时说：

> 举率以相减，不害余数之课也。

其推理形式可以归结为：

> 大前提　举率以相减(M)，不害余数之课(P)，
>
> 小前提　直除法(S)是举率以相减(M)，
>
> 结　论　直除法(S)不害余数之课(P)。

大前提是全称否定判断(E)，小前提是单称肯定判断(A)，而结论是单称否定判断(E)。这是三段论第一格的 EAE 式。

　　(二)关系推理

　　关系推理实际上是三段论的一种。数学是关于客观世界空间形式和数量关系的科学，关系推理在刘徽的推理中所占的比重自然特别大。而在关系推理所使用的关系判断中，又以等量关系为最多。试举几例。

　　例 3　方田章圆田术的刘徽注对圆田又术"周、径相乘，四而一"的证明是：

> 周、径相乘各当以半，而今周、径两全，故两母相乘为四，以报除之。

其推理形式就是：

> 已知
>
> $$S=\frac{1}{2}Lr \qquad\qquad\text{（等量关系判断）}$$

及

$$r = \frac{1}{2}d \qquad (\text{等量关系判断})$$

故

$$S = \frac{1}{2}Lr = \frac{1}{2}L \times \frac{1}{2}d = \frac{1}{4}Ld \quad (\text{等量关系判断})$$

例4 刘徽在证明圆田又术"径自相乘,三之,四而一"不准确时说:

若令六觚之一面乘半径,其幂即外方四分之一也。因而三之,即亦居外方四分之三也,是为圆里十二觚之幂耳。取以为圆,失之于微少。

设十二觚即圆内接正十二边形的面积为 S_1,其推理形式是:

已知

$$\frac{3}{4}d^2 = S_1 \qquad (\text{等量关系判断})$$

及

$$S_1 < S \qquad (\text{不等量关系判断})$$

故

$$\frac{3}{4}d^2 < S \qquad (\text{不等量关系判断})$$

例5 刘徽在推断圆囷(圆柱体)与所容之丸(内切球)的体积之比不是 $4:\pi$ 时说:

按:合盖者,方率也,丸居其中,即圆率也。推此言之,谓夫圆囷为方率,岂不阙哉?

其推理形式是:

已知

$$V_{hg} : V_w = 4 : \pi \qquad (\text{等量关系判断})$$

及

$$V_{yq} : V_w \neq V_{hg} : V_w \qquad (\text{不等量关系判断})$$

故

$$V_{yq} : V_w \neq 4 : \pi \qquad （不等量关系判断）$$

不言而喻，这些推理中所使用的"<"或">"等关系只有传递性，没有对称性；而"="，"≠"则既有传递性，又有对称性。

以上的例子都是纯粹关系推理。刘徽有的推理可以归结为混合关系推理。这种推理的前提中不仅包含关系判断，还包含性质判断。如下面的例子：

例 6 商功章圆囷求周术的刘徽注是：

置此积，以十二乘之，令高而一，即复本周自乘之数。凡物自乘，开方除之，复其本数。故开方除之，即得也。

其推理形式是：

已知

开方除自乘之数，复其本数 （性质判断）

及

$$\sqrt{\frac{12V}{h}} = \sqrt{L^2} \qquad （等量关系判断）$$

故

$$\sqrt{\frac{12V}{h}} = L \qquad （等量关系判断）$$

其形式很像三段论，故又称为混合关系三段论。

二、假言推理、选言推理、联言推理和二难推理

(一)假言推理

假言推理是数学推理中常用的一种形式，包括充分条件假言推理和必要条件假言推理。充分条件假言推理的推理形式是：

若 P，则 Q，

今 P，

故 Q。

例7　商功章羡除术的刘徽注是：

> 上连无成不方,故方锥与阳马同实。

这个推理的文字很简括,其完备形式是：

> 若两立体每一层都是相等的方形(P),则其体积相等(Q),
>
> 今方锥与阳马每一层都是相等的方形(P),
>
> 故方锥与阳马体积相等(Q)。

在充分条件假言推理中,若 P,则 Q。若非 P,则 Q 真假不定。刘徽对此有深刻的认识。

例8　刘徽在记述用棋验法推证阳马、鳖臑体积公式时指出,将一立方体分割为三个阳马,或六个鳖臑。"观其割分,则体势互通,盖易了也"。然而在长、宽、高不等的情况下,"鳖臑殊形,阳马异体。然阳马异体,则不可纯合。不纯合,则难为之矣"。其推理形式是：

> 若诸立体体势互通(P),则其体积相等(Q)。
>
> 今诸立体体势不互通(非 P),
>
> 故难为之矣(Q 真假不定)。

这是刘徽认识到棋验法不是真正的数学证明的逻辑基础。

刘徽在有的地方还使用了假言联锁推理。

例9　刘徽在完成了阳马和鳖臑的体积公式的证明之后说：

> 不有鳖臑(P),无以审阳马之数(Q)。不有阳马(Q),无以知锥亭之类(R)。功实之主也(S)。

其结论是：

> 鳖臑(P),功实之主也(S)。

(二)选言推理

选言推理有两个前提。第一个前提是含有两个选言支的选言判断,第二个前提是某一选言支的否定,那么其结论是另一选言支的肯定。其推理形式是：

　　或 P，或 Q。

　　今非 Q，

　　故 P。

刘徽在许多地方使用了选言推理。

　　例 10　在四则运算中，根据需要，可以先乘后除，也可以先除后乘。刘徽在商功章负土术注中指出："乘除之或先后，意各有所在而同归耳。"在卷二今有术注中，刘徽主张先乘后除，因为"先除后乘，或有余分，故术反之"。这是一个选言推理，其形式是：

　　或先乘后除(P)，或先除后乘(Q)。

　　今非先除后乘(Q)，

　　故先乘后除(P)。

（三）联言推理

　　联言推理的前提是一个联言判断，其结论是一个联言支。刘徽在羡除术注中用截面积原理推导椭方锥的体积时说："阳马之棋两邪，棋底方。当其方也，不问旁、角而割之，相半可知也。……角而割之者，相半之势。"这是一个分解式联言推理，其推理形式是：

　　前提：对方锥平行于底的截面，用一平面切割其对边的中点，则将其体积平分(P)，用一平面切割其对角，也将其体积平分(Q)。

　　结论：用一平面切割其对角，将其体积平分(Q)。

由此证明了将半个椭方锥角而割之得到的大鳖臑，其体积是椭方锥的一半，即与《九章算术》的鳖臑体积公式取同样的形式。

（四）二难推理

　　二难推理是将假言推理与选言推理结合起来的一种推理形式，又称为假言选言推理。其大前提是两个假言判断，小前提是选言判断。刘徽证明《九章算术》圆田又术"周自相乘，十二而一"不准确时说：

六觚之周,其于圆径,三与一也。故六觚之周自相乘幂,若圆径自乘者
九方,九方凡为十二觚者十有二,故曰十二而一,即十二觚之幂也。今此令
周自乘,非但若为圆径自乘者九方而已。然则十二而一,所得又非十二觚
之类也。若欲以径圆幂,失之于多矣。

它有两个假言前提:一个假言前提是:若以圆内接正六边形的周长作为圆周长自乘,
其十二分之一,是圆内接正十二边形的面积(P),小于圆面积(R);另一个假言前提
是:若令圆周自乘,其十二分之一(Q),则大于圆面积(S)。还有一个选言前提:或者
以正六边形周长自乘,十二而一,或者以圆周长自乘,十二而一(P或Q)。结论是:
或失之于少,或失之于多(R或S),都证明了《九章算术》的式(4.4)不准确。

三、数学归纳法的雏形

数学归纳法是演绎推理的一种。刘徽继承的《九章算术》的开方术,他创造的割
圆术和用无穷小分割方法证明刘徽原理的方法等,都使用了递推方法。在后二者中
更是包含了无限递推思想。无限递推是数学归纳法的核心。仅以刘徽原理证明中
的递推方法说明数学归纳法的雏形。

刘徽首先通过第一次分割证明了在整个堑堵的 $\frac{3}{4}$ 中阳马与鳖臑的体积之比为

$2:1$,而在其 $\frac{1}{4}$ 中尚未知。这相当于在 $n=1$ 时候,刘徽原理在堑堵的 $\frac{3}{4}$ 中成立。刘

徽认为第一次分割可以无限递推,"置余广、袤、高之数各半之,则四分之三又可知
也"。然后,刘徽说:

按余数具而可知者有一、二分之别,即一、二之为率定矣。其于理也岂
虚矣。若为数而穷之,置余广、袤、高之数各半之,则四分之三又可知也。
半之弥少,其余弥细。至细曰微,微则无形。由是言之,安取余哉? 数而求
穷之者,谓以情推,不用筹算。

这相当于设 $n=k$ 时,刘徽原理在堑堵的 $\frac{1}{4^{k-1}} \times \frac{3}{4}$ 中成立,则刘徽原理在堑堵的 $\frac{1}{4^k} \times$

$\frac{3}{4}$ 成立。刘徽当然无法严格地表达出数学归纳法,但是他明确表示了无限递推的思想,他的"情推"具备了数学归纳法的基本要素。

总之,刘徽在论证《九章算术》和他自己提出的公式、解法、原理时,主要使用了演绎推理,并且,现代逻辑学教科书中出现的演绎推理的几种最主要的形式,刘徽都使用了。这不仅在数学著作中是空前的,与同时代或其前的思想家的著作相比,也毫不逊色,而在严谨和抽象程度上,却远居于这些著作之右。

第三节 刘徽的数学证明

一般说来,推理形式的正确只能保证其前提和结论之间或偶然的或者必然的联系,因此,推理形式的正确既然不能保证其前提正确,也就不能保证其结论是正确的。只有当前提是正确的时候,运用正确的推理形式,才能获得正确的结论。这就是论证。论证是由推理组成的,推理是为论证服务的。像推理一样,只有演绎论证才能得到必然性的正确结论。由于数学具有严谨、精确、抽象的特点,因此论证数学公式、定理、解法的正确性时,只能采用演绎推理,并且前提应该是正确的,这种过程通常称为数学证明。前面所举的例子,由于其前提都是正确的,并且都是演绎推理,因而都是数学证明。特别应该指出,刘徽数学证明的依据都是已知其正确性的公理或已经证明过的命题。

数学证明根据其思路的方向的不同,或者从予到求,或者从求到予,通常分为分析法和综合法两种。刘徽的数学证明以综合法居多,而对难度较大的命题,则往往采取综合法和分析法相结合的方法。

一、综合法

综合法采取从予到求,即根据已知条件,援引公理及已经证明过的公式、解法,通过一系列推理,最终引导到论题。刘徽在对《九章算术》圆面积公式(4.1)的证明中,他首先证明了 $\lim_{n \to \infty} S_n = S$。接着又证明了 $\lim_{n \to \infty} [S_n + 2(S_{n+1} - S_n)] = S$。最后,将与圆周合体的正无穷多边形进行无穷小分割求其和，从而完成了证明。这是典型的综合法证明。

我们再以刘徽对已知勾股差与弦求勾、股的公式（2.12）的证明为例。刘徽说：

> 按图为位，弦幂适满万寸。倍之，减勾股差幂，开方除之。其所得即高广并数。以差减而半之，即户广；加相多之数，即户高也。

其中有的推理，刘徽行文时省去了，将其补足便是：

$$c^2 = a^2 + b^2$$

$$2c^2 = 2a^2 + 2b^2$$

$$2c^2 - (b-a)^2 = 2a^2 + 2b^2 - (b-a)^2 = (a+b)^2$$

故

$$\sqrt{2c^2 - (b-a)^2} = a+b$$

而

$$a = \frac{1}{2}[(a+b) - (b-a)]$$

$$b = \frac{1}{2}[(a+b) + (b-a)]$$

故

$$a = \frac{1}{2}\left[\sqrt{2c^2 - (b-a)^2} - (b-a)\right]$$

$$b = \frac{1}{2}\left[\sqrt{2c^2 - (b-a)^2} + (b-a)\right]$$

显然，这是一个由已知的勾股定理及题设，逐步运用关系推理，以证明式（2.13）的综合法。其中的"弦幂适满万寸"是不必要的，还保留了归纳推理的某些痕迹。

二、分析法与综合法相结合

分析法是一个从求到予，从论题回溯论据的过程，即分析为了得到所需的结论，必须先证明什么，这样一步一步地引导到已知的条件或已经证明过的命题。

对非常复杂的证明，刘徽往往采取综合法和分析法相结合的方式。比如关于

《九章算术》的鳖臑与阳马体积公式(4.8)、(4.7)的证明,刘徽提出了刘徽原理。他认为,为了证明这两个公式,只要证明刘徽原理就够了。这是从论题回溯论据的分析法。为了证明刘徽原理,刘徽首先对由阳马和鳖臑合成的堑堵进行分割,证明在堑堵的 $\frac{3}{4}$ 中,刘徽原理所指出的阳马与鳖臑的体积之比为 2∶1 成立。这是综合法。

接着,刘徽认为,如果能证明在堑堵剩余的 $\frac{1}{4}$ 中可以知道其体积的部分中阳马与鳖臑的体积之比仍为 2∶1,就在整个堑堵中证明了刘徽原理。这又是分析法。随后,刘徽用无穷小分割方法和极限思想证明了这一点。这又是综合法。总之,整个证明过程可以表示为:

$$\text{阳马与鳖臑体积公式} \xleftarrow{\text{分析法}} \text{刘徽原理} \begin{cases} \xleftarrow{\text{综合法}} \dfrac{3}{4}\text{中成立} \\[2mm] \xleftarrow{\text{分析法}} \dfrac{1}{4}\text{中成立} \xrightarrow{\text{综合法}} \cdots \lim \dfrac{1}{4^n}=0 \end{cases}$$

可见这个证明是以从求到予的分析法为主,穿插以从予到求的综合法。这种分析法与综合法相结合的证明方式对难度较大的复杂证明,常常可以起到画龙点睛的作用,使整个证明思路清晰,文字不冗长,不枯燥,又使读者容易抓住证明过程中的关键所在。

三、刘徽的反驳及刘徽反驳中的失误

(一)刘徽的反驳

刘徽证明《九章算术》的某些公式不正确的方法是反驳。刘徽的许多反驳在前面的内容实际上已经讲过了。反驳是证明的一种。反驳主要运用矛盾律。刘徽的绝大多数反驳是成功的,是符合逻辑规律的。如对《九章算术》弧田术的反驳,弧田术是一个全称判断。刘徽以半圆这种弧田为例,证明由弧田术算出的半圆面积小于半圆。上述判断是一个矛盾判断,由后者为真,证明了前者为假,符合矛盾律。

刘徽对《九章算术》开立圆术的反驳也应用了矛盾律。刘徽设计了牟合方盖,指出球与外切牟合方盖的体积之比为 π∶4,这是一个真命题,因而与之矛盾的命题

"球与圆柱的体积之比为 π∶4"不可能为真,必为假。于是开立圆术为假。

(二)刘徽反驳中的失误

刘徽指出《九章算术》的宛田术"不验"是完全正确的。但是他的反驳并不成功。我们来分析这个问题。刘徽说:

> 此术不验。故推方锥以见其形。假令方锥下方六尺,高四尺。四尺为股,下方之半三尺为勾。正面邪为弦,弦五尺也。令勾、弦相乘,四因之,得六十尺,即方锥四面见者之幂。若令其中容圆锥,圆锥见幂与方锥见幂,其率犹方幂之与圆幂也。按:方锥下六尺,则方周二十四尺。以五尺乘而半之,则亦方锥之见幂。故求圆锥之数,折径以乘下周之半,即圆锥之幂也。
> 今宛田上径圆穹,而与圆锥同术,则幂失之于少矣。

刘徽将圆锥的侧面积与宛田的表面积取同一形式,而宛田上径大于圆锥的两母线之和,得出宛田"幂失之于少"的结论,理由是不充分的。设圆锥与宛田的下周均长为 l,宛田径为 d,圆锥两母线之和为 D。对任何同周等高的宛田和圆锥而言,宛田上径都大于圆锥两母线之和,宛田的表面积大于圆锥的侧面积,是显然的。但 $\frac{1}{4}lD$ 和 $\frac{1}{4}ld$ 只是形式上相同。实际上,方锥的侧面积也可以采取这种形式,l 为下周长,D 为两斜高之和。由于 $d>D$,当然有 $\frac{1}{4}ld>\frac{1}{4}lD$,无法由此证明 $\frac{1}{4}ld$ 比真值小。显然,刘徽在这里混淆了 D 和 d,犯了反驳中概念混淆的错误。这种错误在刘徽的《九章算术注》中非常罕见,也正因为罕见,才应当指出来。

▌第四节 刘徽的数学理论体系 ▌

中国数学史界有一个耳熟能详的提法,说《九章算术》建立了中国古代的数学体系。这种提法似是而非。说"数学体系",当然是指数学理论体系。而一个理论体系,应该包含概念,以及由这些概念联结起来的命题和使用逻辑方法对这些命题的论证。对数学而言,这种论证必须主要使用演绎逻辑。《九章算术》只有概念和命题,没有留下逻辑论证。前已指出,从刘徽注可以探知,《九章算术》和秦汉数学简牍时代实际上是存在着某些推导和论证的,但是,这些推导和论证是以归纳逻辑为主的。因此,我们认为,《九章算术》没有建立中国古代数学的理论体系,只是构筑了中国古典数学的基本框架。在这个框架中,各章的方法之间,甚至同一章不同方法之间,除了均输术是衰分术的子术,几乎看不出它们之间的逻辑关系。更重要的是,《九章算术》的九章,有的是按应用命名,如方田、粟米、商功、均输;有的是按数学方法命名,如衰分、少广、盈不足、方程、勾股。分类标准不同一,更形成不了一个理论体系。

刘徽以演绎逻辑为主要方法全面证明了《九章算术》的公式、解法,因此,直到刘徽完成《九章算术注》,中国古典数学才形成了数学理论体系。逻辑方法的改变,必然导致一个学科内部结构的相应改变。事实上,刘徽的数学理论体系不是《九章算术》数学框架的简单继承和补充,也不仅是为这个框架注入了血肉和灵魂,而是包括了对这个框架的根本改造。

近代人们常把数学形象地画作一株大树,通常是一株大栎树。树根上有代数、平面几何、三角、解析几何和无理数。在这些根上长出强大的树干,即微积分。树干的顶端发出许多大的枝条,并再分成较小的枝条,即复变函数、实变函数、变分法、概率论等高等数学的各个分支[①]。实际上,早在 1700 多年前,刘徽通过深入研究《九章算术》,"观阴阳之割裂,总算术之根源",提出了数学之树的思想:

> 事类相推,各有攸归,故枝条虽分而同本知,发其一端而已。又所析理
> 以辞,解体用图,庶亦约而能周,通而不黩,览之者思过半矣。

刘徽的数学之树"发其一端","端"实际上就是数学之树的根。这个"端"是什么呢?刘徽说:

> 虽曰九数,其能穷纤入微,探测无方。至于以法相传,亦犹规矩度量可
> 得而共,非特难为也。

---

① [美]伊夫斯:数学史概论(修订本)。欧阳绛,译。太原:山西经济出版社,1993 年。

规矩在这里指几何图形,即我们通常所说的客观世界的空间形式;度量是度量衡,在这里指客观世界的数量关系。因此,规矩、度量可以看成刘徽数学之树的根,数学方法由之产生出来。恩格斯在总结 19 世纪之前的数学时说:

　　　　纯数学的对象是现实世界的空间形式和数量关系[①]。

刘徽对数学的认识与恩格斯惊人的一致。

　　显然,在刘徽看来,"规矩、度量可得而共"便是数学之树的"端"。世代相传的数学方法应当是客观世界的空间形式和数量关系的统一。刘徽的话很形象地概括了中国古典数学中数与形相结合,几何问题与算术、代数问题相统一这个重要特点。根据刘徽的《九章算术·序》及其为九章写的注中形诸文字者,我们大体可以将刘徽的"数学之树"的面貌勾勒于下:

　　"数学之树"从规矩、度量这两条根生长出来,统一于数,形成以率为纲纪的数学运算这一本干。刘徽以《九章算术》的长方形面积公式、长方体体积公式(可视为定义)及他自己提出的率和正负数的定义为前提,以今有术为都术,以衰分问题、均输问题、盈不足问题、开方问题、方程问题、面积问题、体积问题、勾股测望问题等作为主要枝条。又分出经率术,其率术和返其率术,衰分术和返衰术,重今有术,均输术,盈不足术和两盈两不足术、盈适足和不足适足术,多边形面积,圆田术、圆周率和曲边形面积,刘徽原理和多面体体积公式,截面积原理和圆体体积公式,勾股术和解勾股形诸术,勾股容方和勾股容圆术,一次测望问题和重差问题,开方术和开立方术,正负术,方程术和损益术、方程新术,不定方程等方法作为更细的枝条,形成了一株枝叶繁茂、硕果累累的"大树",构成了一个完整的数学体系。刘徽的"数学之树"大体如图 5.1 所示。

　　在这个体系中,刘徽尽管也使用类比和归纳逻辑,但主要是使用演绎逻辑,从而将数学知识建立在必然性的基础之上。

　　在这个体系中,齐同原理、出入相补原理、极限思想和无穷小分割方法及截面积

---

①［德］恩格斯:反杜林论。《马克思恩格斯选集》,第三卷。北京:人民出版社,1966 年。

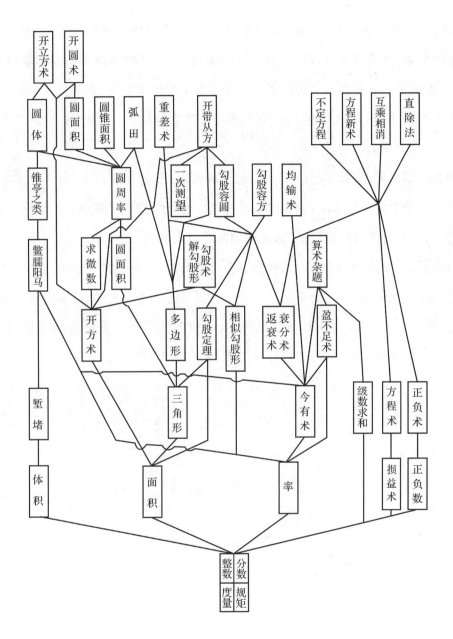

图 5.1　刘徽的"数学之树"

原理是刘徽所使用的主要原理。齐同原理用于计算问题,出入相补原理用于解决多边形和多面体体积,极限思想、无穷小分割方法和截面积原理用于解决曲边形面积、多面体体积和圆体体积。

这个体系"约而能周,通而不黩",全面反映了当时中国人所掌握的数学知识,略知《九章算术》的人即可看出九章的分布。在这里，数学概念和各个公式、解法不再是简单的堆砌，而是以演绎推理和数学证明为纽带，按照数学内部的实际联系和转化关系，形成了一个有机的知识体系。而刘徽数学理论体系与《九章算术》框架的结构有着根本的不同，因此，它不是《九章算术》框架的添补，而是对《九章算术》的改造。

需要指出的是，刘徽对《九章算术》框架的改造，不是在形式上，而是在实际上，在刘徽的头脑中。在形式上，刘徽没有改变《九章算术》的术文和题目的顺序。在这种情况下，没有出现任何循环推理，说明刘徽逻辑水平之高超。

可以说，刘徽的《九章算术注》在内容上是革命的，而在形式上是保守的。然而，正是因为这种保守的形式，而不是撰著一部自成系统的高深著作，后人即使看不懂，也能依托《九章算术》原文使其得以流传，这就使刘徽的数学创造避免了祖冲之的《缀术》由于隋唐算学馆"学官莫能究其深奥，是故废而不理"而失传的厄运。